フレンチブルドッグ教科書《きょうかしょ》

BUHI MANIACS vol.4

TEXTBOOK FOR FRENCH BULLDOG

Buhimaniax for you who want to know all about French Bulldog.

フレンチブルドッグのパーソナリティ

序説・フレンチブルってどんな犬？

フレンチブルドッグのメインカラーは4色（クリーム、パイド、ブリンドル、フォーン）。後述するが、それぞれのカラーには濃淡や模様の出方によっての違いもあり、バラエティ豊かだ。

夏は太りやすく、冬は痩せやすい

長毛種であれば寒さを感じると、毛量を増やすよう身体が対応するが、アンダーコートの少ない短毛種は、寒さを感じると脂肪を燃焼させるので、やせてくることが多い。やせることは健康的に思えるが、やせ過ぎだと抵抗力も弱くなるので、さまざまな病気にかかるリスクが高まる。免疫性の腸炎が発症する季節は冬場がほとんど。逆に夏場はカロリーが余りやすく、運動量も落ちるので、肥満に気をつけよう。とはいえ暑い季節に運動を無理にさせるのは危険。食事でコントロールが基本だ。夏と冬の食事内容を変えるのも有効。

まずはフレンチブルドッグのパーソナリティを探っていきましょう。
こんなにもすばらしい犬なんだから、さらに知りたいし、知ってほしい。
合言葉はベーシック&フロンティアです！

飼い主にコミュニケーションを求める明朗快活さ

知的で繊細、遊び好きで、さらに寂しがり屋なフレンチブルドッグ。犬同士で遊ぶことやおもちゃ、ボールで遊ぶのも好きだが、何より飼い主との時間に最も喜びを感じる気質だ。たくさん語りかけ、たくさん触ってあげよう。表情豊かで、飼い主さんの話をよく聞いて、空気の読める理知的な子に育ってくれるはず。「明朗快活」とはフレンチブルドッグを表す最適な言葉だろう。コミュニケーション不足の子は表現力が乏しく、粗暴な振る舞いが目立つようになる。いつでもその子に注目し、常に主役でいさせてあげよう。

ストレスで下痢をしやすくケアが必要

特に変わったものを食べたわけでもないのに、不定期に下痢をする場合があるが、何らかのストレスがかかり腸炎を起こしている可能性が。繊細な子だと留守番したり、お出かけしたり、相性の悪い犬と会うだけで下痢になることもある。そのパターンをよく見極めて対策しよう。ストレス性の下痢をたびたび起こすと、それが引き金になり、免疫介在性腸炎を発症してしまう恐れも。事前に整腸剤、腸の動きを和らげる薬を獣医に処方してもらうのもよい。

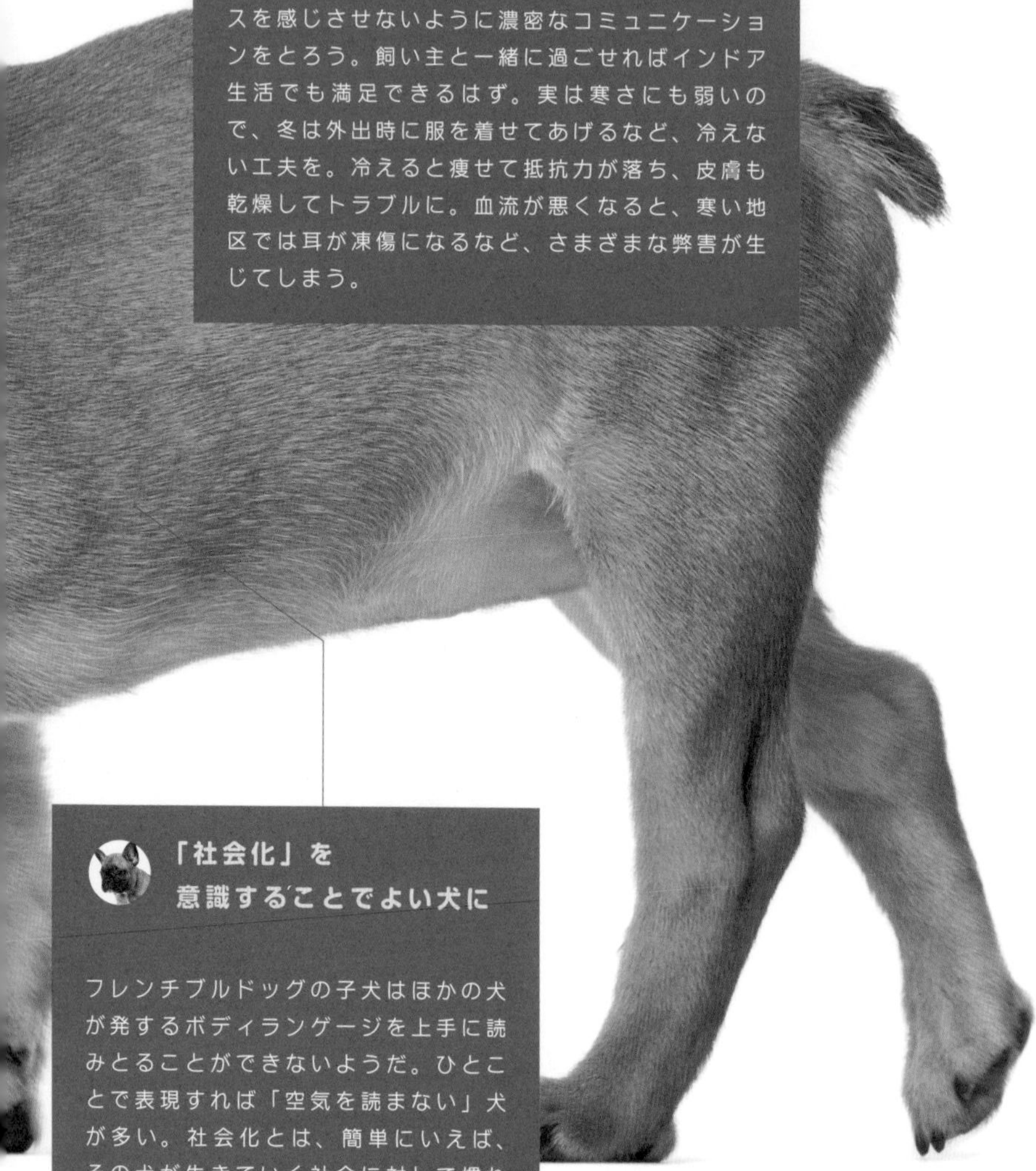

暑さに弱く、寒さにも弱い

暑い季節はフレンチブルドッグにとってシーズンオフと考えて、遊びや運動はほどほどに。ストレスを感じさせないように濃密なコミュニケーションをとろう。飼い主と一緒に過ごせればインドア生活でも満足できるはず。実は寒さにも弱いので、冬は外出時に服を着せてあげるなど、冷えない工夫を。冷えると痩せて抵抗力が落ち、皮膚も乾燥してトラブルに。血流が悪くなると、寒い地区では耳が凍傷になるなど、さまざまな弊害が生じてしまう。

「社会化」を意識することでよい犬に

フレンチブルドッグの子犬はほかの犬が発するボディランゲージを上手に読みとることができないようだ。ひとことで表現すれば「空気を読まない」犬が多い。社会化とは、簡単にいえば、その犬が生きていく社会に対して慣れておくことだ。まずはパピーパーティに出かけたり、ドッグトレーナーに相談したりしてみよう。

ひとくちにパーソナリティといっても、当然ながら個体差があるので、迎え入れたその子のことをいちばんに考えつつ、困ったときはプロフェッショナルに相談することが大切だ。

フレンチブルドッグのパーソナリティ

序説・フレンチブルってどんな犬？

耳が汚れやすく、定期的なチェックが必須

立ち耳の犬種は、蒸れそうにないので大丈夫と思われがちだが、フレンチブルドッグは皮脂の分泌が多く、耳の立ち方の角度が埃や異物が入りやすい構造になっている。つまり耳の中が汚れやすいということ。痒いので擦り付けたり、打ちつけたりして耳血腫になってしまうこともある。さらにひどいケースでは平衡感覚に支障が出て、頭を傾け、ふらつきの症状が出てきてしまうことも。こまめな耳掃除が予防になるが、耳道はL字になっているため、普通の綿棒やコットンでの掃除では奥に溜まった汚れを取りきれない。獣医師にお願いするのがベストだ。

多動であり、興奮しやすい気質

生まれ持った気質の部分もあるが、日常的にストレスがかかっていて、不安定な行動をしてしまうケースも多い。改善されると見違えるくらい落ち着いて、顔つきまで変わることも。まずは肉体的な欲求（食事、運動）は満たされているか考えよう。

フレンチブルドッグのパーソナリティ

序説・フレンチブルってどんな犬？

フレンチブルドッグはとにかく病気がちな犬種と言われがちだが、実は環境の善し悪しで6割以上が決まる印象がある。他犬種と比較せず、そのままの彼らを見つめていこう。

過度な運動は禁物 オーバーワークに注意する

フレンチブルドッグにとって過度な運動は禁物だ。段差を飛び降りたり、アジリティのようにアクロバティックな遊びは避けることが望ましい。オーバーワークは、ヘルニアの発症、関節疾患の悪化と深く関係している。また、持久力の優れた犬種ではないので、適度な運動を心がけ、たっぷりと休息させること。適度な運動と、十分な休息が筋肉を発達させ、強い身体を作るのだ。運動させ過ぎて痩せたり、後脚を傷めるケースがとても多い。多少飛んだり跳ねたりは犬も楽しいので仕方ないところもあるが、注意しよう。

好奇心と経験が フレンチブルドッグを強くする

フレンチブルドッグの好奇心はほとんど生まれつきの性質といっても過言ではないだろう。その好奇心を上手に活かしてやることが大事なのだ。犬は経験からしか学ばない。本やテレビを見て知識を得ることはできないのだから、初経験はすべてストレスになると意識してほしい。けれどもさまざまな物事を知ることで、余計な不安やストレスを感じなくなることだろう。さらには、年齢によって、ストレスの感じ方が違うということも気をつけよう。ストレス発散させようと高齢犬を長々と散歩に連れ出したり、若く元気な犬と遊ばせたり、睡眠時間を奪わないことが大切だ。

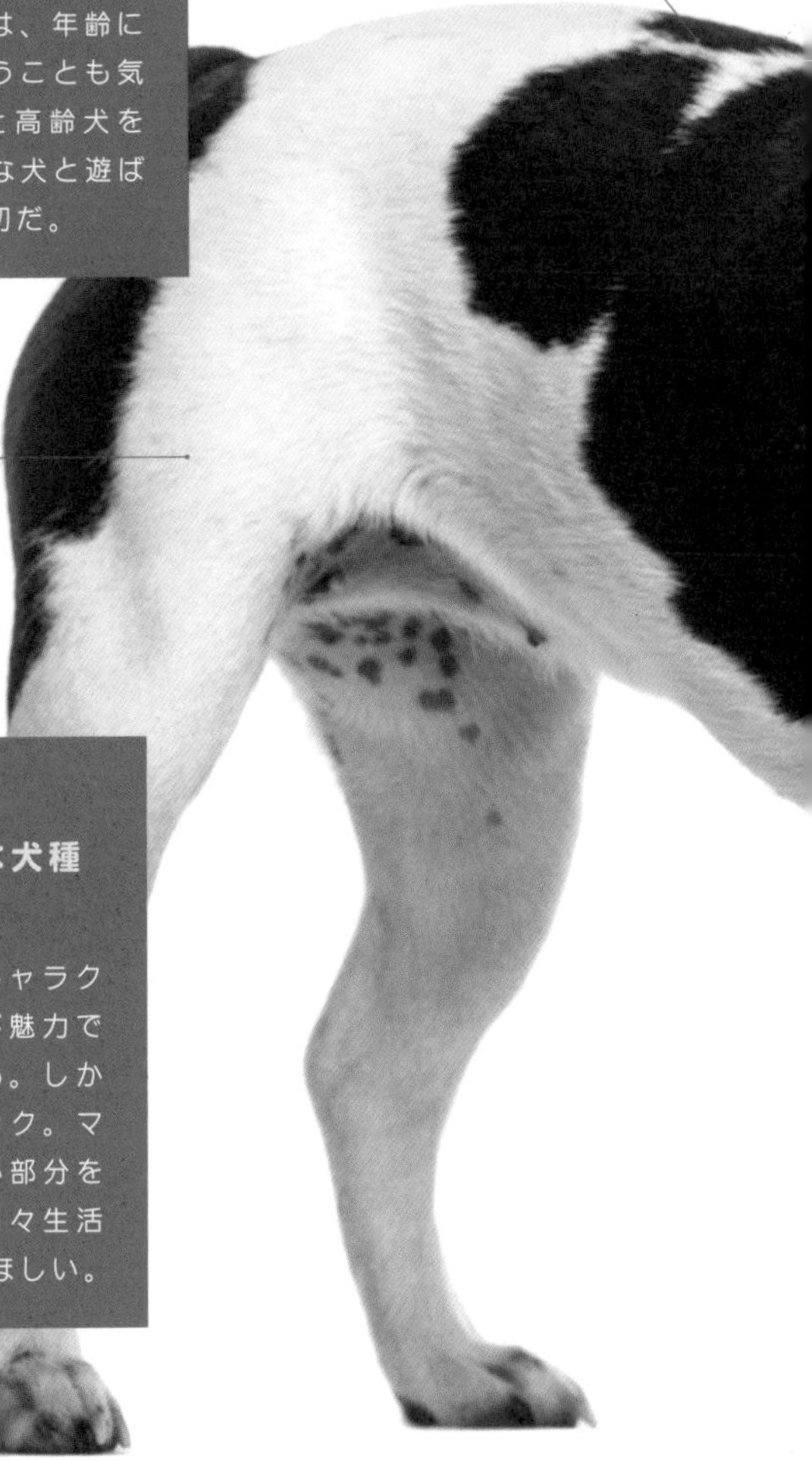

人気犬種でも 実はそうとうマニアックな犬種

フレンチブルドッグは容姿、体質、キャラクター、どれをとっても個性的。そこが魅力であり、流行犬種になるのも理解できる。しかし、犬種自体の特質はとてもマニアック。マニアックな犬種は飼育する上で難しい部分を必ず持っているのだ。そのあたりを日々生活するうえで、ひとつずつ感じていってほしい。

フレンチブルドッグのカラーパターン

BRINDLE

ブリンドル

ブリンドルは、ベースに褐色などの明るい差毛が入る毛色。差毛が少なくて黒光りして見えるものから、差毛が豊富に入るタイガーブリンドルと呼ばれるタイプもいます。

「犬質」の良さはブリンドルがいちばん

フレンチブルドッグのオーソドックスカラーであるブリンドル。黒い毛色をベースに、明るい差毛が縞模様のように混じります。差毛が多く、からだ全体が明るい毛色はタイガーブリンドルと呼ばれ、逆に、差毛の少ない黒ベースの子は、ブラックブリンドルと呼ばれたりします。ただこれは愛称なだけで、血統書ではすべてブリンドル表記です。差毛が派手なタイガーブリンドルになるほど、野生的でワイルド感があるので、男性に好まれる印象です。ブラックブリンドルは黒光りする毛艶で、全身が引き締まってシャープに見えると思います。ブリンドルやフォーンは、胸に白毛が入る場合と入らない場合があります。その見た目から、白毛が入る場合は「エプロンが入る」などと言われたりします。

そして日本だけでなく、世界的に見ても、フレンチブルドッグでいちばん多いカラーはブリンドルでしょう。それは単純にブリンドルの絶対数もありますが、ブリンドルはフレンチブルドッグのオーソドックスカラーとしての歴史があるので、他のカラーに比べて、圧倒的に「犬質」の良い子が多いのです。

たとえば、「良いフレンチブルドッグとは何か?」と考えたときに出てくるのは、フレンチブルドッグのスタンダード。スタンダードとは、JKC（ジャパンケネルクラブ）が定めるその犬種の犬種基準です。簡単に言えば、フレンチブルドッグの健全な姿形のことです。そして、フレンチブルドッグを真摯に繁殖するブリーダーは、このスタンダードを求めてブリーディングをします。

ブリーダーは、自分が繁殖した子の中で、よりスタンダードに近いと見立てた自信のある子をドッグショーに出陳して、チャンピオン犬を目指します。ただ、チャンピオンになっても賞金が出るわけではありません。それでも、真摯なブリーダーは自分のブリーディングで産まれたスペシャルな子に誇りを持って、ドッグショーに挑戦するのです。

そんなドッグショーは日本全国で開催されていますが、東京のビックサイトでは1年に1回、その年の日本一を決める「ジャパンインター」というドッグショーがあります。日本全国から集まった、フレンチブルドッグの有名犬が並ぶチャンピオンクラスなどは、スタンダードの知識のない方が見ても、その迫力や美しさを感じられることでしょう。

そして、なんとそのチャンピオンクラスに並ぶ8割がブリンドル。他のカラーに比べて圧倒的に「犬質」の良い子が多い証拠と言えるでしょう。フレンチブルドッグそのものの存在感を味わいたいなら、ブリンドルです。

フレンチブルドッグのカラーパターン

CREAM

クリーム

クリームは、白に近いものからベージュに近い濃いものまである毛色。アイラインは黒っぽくしっかりと出る。顔の表情がわかりやすく、日本では大人気の毛色でもある。

クリームのトラブルを知っておく

テレビCMや雑誌など、メディアで起用されることが多いクリーム。色味には濃淡があり、白系からフォーンに近いベージュ系までいます。実際に濃いベージュ系は、血統書の申請の際にフォーンと申請するブリーダーもいます。クリームは4カラーの中でも、2021年現在、いちばん人気があるカラーだと思います。クリームを好む方は、明るい色だから、うれしそうな顔、せつなそうな顔、困った顔、そんな人間のような表情がわかりやすいからクリームが好きだと言われます。フレンチブルドッグが子豚に例えられるようになったのも、クリームの色味からだと思います。

ただ、人気があるだけに、4カラーの中で良い子犬を探すのが圧倒的に難しく、皮膚疾患など、何かしらのトラブルが多いのもクリーム、というのが現状です。理由としては、まず単純にクリームは人気なので、売るためだけに無計画で乱繁殖をするブリーダーがとても多いことです。計画性のない乱繁殖で産まれた子は、将来的に何かしらの疾患が出る可能性が高いのはもちろん、本来あるべき姿のムチムチした骨太のフレンチブルドッグにはならない可能性も高くなります。そして子犬の頃は、そのクリームの子犬が良質なのか、乱繁殖なのか、一般の方が判断するのは正直難しいのです。子犬の頃はどんな繁殖で生まれた子であっても、可愛いと感じるものです。ネットで血統や犬舎の情報を調べまくった知識で子犬の良し悪しを判断できる気になってしまう方は、特に要注意だと思います。

また、現在のフレンチブルドッグ人気で、ペットショップやネットショップでも高額なクリームがたくさん並んでいます。ネットショップで70万円、80万円のクリームがいたり、ペットショップでは、ときに100万円を超えるクリームが並んでいたりします。しかし、「価格が高い=良質な子犬」ではないパターンがほとんどです。販売側が単純に、「人気カラーのクリームをブクブクに太らせて高額にしておけば、良質な子犬だと思って売れる」と考えているだけではないでしょうか。

とはいえ、表情もわかりやすく愛らしいクリームは、確かに魅力的です。信頼できるブリーダーから購入することがいちばんですが、いずれにしてもクリームは他のカラーの子を選ぶより子犬探しが難しいこと、皮膚トラブルなど大変なことが多い可能性があるということを、少しでも知っておくことが大切です。そして迎え入れてからは、どんなことがあっても最後まで、一生をまっとうできるようにしてあげましょう。

PIED

パイド

パイドは白をベースにブリンドルやフォーンの班が頭部や体に入る毛色。班は細かくなく、大きなものが理想とされています。牛柄模様のような、愛嬌ある毛色が洒落ていて魅力的です。

パイドはテリアの血を濃く継ぐ

個性ある牛柄模様が特徴的なパイド。白い毛色をベースに、黒もしくはフォーンの斑が顔や体に入ります。斑は小さいものより大きいものが良いとされています。パイドはそのカラーバランスによって非常に個性的になるので、愛嬌あるキャラクター性で子犬を選びたい方は、パイドを選択される印象です。フレンチブルドッグという、もともと愛嬌ある姿形の犬種に牛柄模様ですから、4カラーの中でも断トツで目立つのがパイドだと思います。顔の左右にきれいに斑が入る子もいれば、左右どちらか片方のみ斑が入る「片パンチ」という愛称で呼ばれる子、顔は真っ白で体にだけ斑が入る子など、まったく同じ斑の入る子は二度と産まれないのもパイドの特徴です。白ベースにフォーンの斑が入る子は、フォーンパイドという愛称で呼ばれています。白×黒のパイドより頭数は少なく、フォーンが入るので品のある印象になると思います。

フレンチブルドッグはヨーロッパで異種交配を繰り返し作られた犬種ですが、その中でもパイドはボストンテリアの血を濃く継いでいるので、テリアの血から、少し気性が荒いところもあると言われますが、現在の状況では他のカラーとそれほど変わりはないというのが正直なところ。もちろんパイドで気性の荒い子はいますが、それは他のカラーでも同じことです。初めての子犬探しのお客様が勘違いしやすい「男の子だからやんちゃだ、女の子だからおとなしくて扱いやすい」という思い込みと同じことかもしれません。男の子と女の子の性格の違いにそのようなことはまったくなく、性格は個体差や迎え入れた環境で作られます。男の子は甘えん坊で忠誠心があり飼い主にべったりで、女の子はわがままでマイペース、なんてパターンも実際にたくさん見聞きしています。パイドでおっとり大人しい子もいれば、クリームで気性の荒いやんちゃな子もいるということです。もちろん、どのカラーも男の子も女の子も関係なく、子犬期はみんなやんちゃですから、その点は間違えないようにしましょう。

フレンチブルドッグのカラーパターン

FAWN

フォーン

フォーンは茶色ベースの毛色。ゴールドのような明るい色から、赤茶色で濃いレッドフォーンと呼ばれるタイプもいます。顔周りが黒いのでブラックマスクとも呼ばれます。

フォーンは真摯なブリーダーとともに

ゴールド系の毛色にブラックマスクというバランスが気品を感じさせるフォーン。クリームと同じく、色味には濃淡があり、明るいゴールド系からブラウン系やレッド系などがあります。15年ほど前から、ヨーロッパのドッグショーで活躍するフォーンが出てくるようになり、その流れで日本でも10年ほど前から人気が少しずつ出はじめて、最近では、フォーンの頭数もかなり増えてきました。フォーンはブリンドルと同じく、ヨーロッパでも日本でも、真摯なブリーダーに熱心に繁殖されてきたカラーなので、ブリンドルの次に犬質の良い子と出会える可能性が高いカラーだと思います。個体差はもちろんありますが、基本的にクリームやパイドに比べ、皮膚トラブルなども少なく、ブリンドルの健全性に近いカラーだと思います。

10年前は日本にフォーンはあまり多くなかった記憶がありますが、現在ではとてもポピュラーなカラーになったと言えるでしょう。まさに外産犬といったオーラのあるフォーンですが、人気急上昇中だけに、個体差が激しい印象も。血統はもちろんのこと、生まれた土地や環境、食事や水、犬舎オーナーの愛情のかけ方で、同じフレンチブルドッグという犬種でもずいぶん違いが出るものなのです。

もちろんこれはフォーンに限りません。ブリンドルやパイドもやはりヨーロッパのクオリティーが高いですし、クリームは本場のアメリカのクオリティーが高いわけです。それでも日本人の熱心なブリーダーは、ヨーロッパやアメリカから素晴らしいフレンチブルドッグを輸入して、日本のフレンチブルドッグのクオリティーを上げる努力をしています。

もしあなたが、これからフレンチブルドッグを迎え入れたいと考えているようなら、是非ドッグショーに遊びに行ってみてください。JKC（ジャパンケネルクラブ）のイベントスケジュールを検索すれば、1年を通して日本全国でドッグショーが開催されています。出陳頭数の多いドッグショーに行けば、フレンチブルドッグが何頭かまとまって見られるはずです。ネットで子犬の写真や動画を見て悩むのはそのあとにしましょう。まずは実際のフレンチブルドッグのスタンダードが集まるドッグショーを観覧してみましょう。そして、自分の探しているカラー以外の子もしっかり見てください。そこで自分の目で見て感じたことが大事です。きっとあなたは「犬質」の大切さに気づくはずです。カラーの好みはもちろん大切ですが、それ以上に大切なのは「犬質」なんだと理解してから、あらためて子犬探しすることを、強くおすすめします。

はじめに

フレンチブルドッグは、とても魅力的な犬です。
よく言われているのが、犬を超えているとか、人間みたいで憎めないとか、
究極の愛玩犬とか、疾走する甘えん坊とか、
犬としては変わった表現で語られることが多い気がします。
けれども、その実体はどうなのでしょう？
わたしたちの大好きなフレンチブルドッグのことを、
ここらへんでちゃんとまとめておきたいと思いました。
この本は、教科書と名乗るだけあって、つまみ食いがしづらいようになっています。
飛ばし読みでは掴めないのが、フレンチブルドッグなのです。
どうかこの教科書をじっくり読み進めてみてください。
読むことでしか、わからないことがあります。
がんばって一冊読み切ったときに、
きっとあなたの中に、フレンチブルドッグのほんとうの姿が浮かんでいる。
なぜこんなにも惹かれてしまうのか、その答えもきっと見つかるはずです。
フレブルラバーのための「フレンチブルドッグの教科書」、はじまります。

（ＢＵＨＩ編集部）

CONTENTS

1

フレンチブルドッグの生活大全

夢にまで見たフレンチブルドッグの子犬がやってきた。

あなたの人生を変えてしまうパートナーを迎えるために

待ちかねていたフレンチブルドッグの子犬がやってきた——それは最高にワクワクする幸せな瞬間。これからはいっしょに遊んで触れあって、無防備に寝ている姿を見ながら生活できる楽しい毎日が始まる……！　でも、ちょっと待って。あなたはフレンチブルドッグがどんな犬なのかを知っていますか？「命のある生きもの」である彼らを迎える前には、しかるべき準備がいります。そして、その命を引き受けるという覚悟が必要です。

フレンチブルドッグライフをより楽しいものにするために、覚えておいてほしいこと。当たり前と思わずにもういちど、命を預かるということについて考えてみましょう。

はじめに、前提として覚えておきたいことをひとつ。それは、フレンチブルドッグは飼うのに比較的注意が必要な犬種だということ。日本の家庭で飼われるようになってだいぶ久しいですが、気候的にも蒸し暑い日本の夏は、彼らにとって望ましい環境とはいえません。そもそも短頭種は呼吸器系の疾患が起こりやすく、皮膚のトラブルを抱えているブヒも多い。好発疾患であるヘルニアの発症も耳にします。それらを含め、初めてフレンチブルと暮らすにはそれなりの知識と覚悟が必要になります。

もちろん、「可愛くて好き」「一緒に暮らしたい」、そういうシンプルな気持ちも素敵な動機です。だからこそ、フレンチブルドッグをパートナーに決める前に、やっておくべきことをこれから見ていきましょう。

家族の同意を得る

まず、犬と一緒に暮らすことについて、家族全員の同意を得ましょう。これはとても大切なことです。高齢のご家族や小さなお子さんなど、犬のケアに直接関わる可能性の低い家族にもきちんと意見を聞いてください。ひとたび犬を家族として迎えたからには、何か問題が起こったからといって、簡単に手放すわけにはいかないのです。

犬が来たことによってどういう生活になるのかということを、家族全員でよく考えて話し合い、また、インターネットや本などを使って調べておくといいでしょう。具体的には、主に誰が世話をするのか、ケアにかかる時間、経済的な問題など。たとえば、フレンチブルは抜け毛の多い犬種ですが、もしも生まれた赤ちゃんが犬アレルギーだった場合はどうしますか？ 家族が病気になったとき、全員がしばらく家を空けなくてはならなくなったとき、一時的に預かってもらえる環境は整っていますか？ そして犬のためにどれだけ費用をかけられますか？

食費やトイレシーツ等の消耗品だけでなく、予防接種や医療費、ペット保険など、動物を飼うにはお金と時間がかかります。夏場は、地域によっては24時間エアコンが必須です。

それから、集合住宅にお住まいの場合は、ペットを飼うことが認められていることが大前提です。

犬の平均寿命は10数年。あなたは将来、

結婚、引っ越し、出産など、自分の環境がどのように変化しても、変わらず愛犬に愛情を注ぐことができますか？

家族でよく話し合い、犬を迎えることに合意ができたら、次は客観的な意見を言ってもらえる人、つまり獣医師や信頼のおけるブリーダーを探して相談するのもいいでしょう。知り合いにフレンチブルドッグを飼われている方がいれば、話を聞いておくと、具体的なイメージを描きやすいかもしれません。

動物の専門家に聞く

動物についての身近なプロフェッショナルといえば、動物病院の獣医師やブリーダーです。保護犬で成犬のフレンチブルドッグを迎える場合は、具体的なケアの方法などを動物病院でしっかり聞いておきましょう。子犬の場合は、正しい専門知識を持ったブリーダーから迎え入れると、のちのち健康問題などで困ったときにも相談に乗ってもらえるので安心です。

ワクチン接種は適切に

子犬にはワクチンを打たなければいけませんが、最低でも生後2カ月くらいまでは親犬の元におくのがよいとされています。最初のワクチンは生後8週目に打つのが原則なので、できるだけ早く迎えたいという場合でも、ワクチンを打って、1週間くらい待ってからにするのがベストです。

ワクチンの接種については、以前とはシステムが変わりました。ジステンパーや犬パルボウイルス感染症は、3年ごとの接種で予防が可能であることがわかり、アメリカ動物病院協会（AAHA）や全米の獣医大学、一般の病院でも多くは、新しい接種法を導入しています。日本でも、公認団体や社団法人で認められているワクチンプログラムですし、その接種法を導入した病院も数多くあります。

初年度は、8週、11週、14週の3回の接種が原則です。そして、1年後に再接種し、その後は、4歳齢、7歳齢、10歳齢と3年ごとの接種というシステムです。

フィラリアは蚊によって媒介されるので、基本的に蚊が発生する期間は予防薬を飲ませなくてはいけません。その期間は地域によって異なるので、地元の獣医さんに聞くといいでしょう。ノミ、ダニ対策については、「都会暮らしで毎日アスファルトの上を歩くだけだから……」など、予防の必要がないと思うかもしれませんが、1匹のノミのためにアレルギーを起こす犬もいます。しっかりと気に留めておきましょう。

不妊・去勢手術はどうするか

不妊・去勢手術については、自然の摂理に反するということで抵抗を感じる人もいますが、いろいろな病気の発生を防ぐことのできる有効な手段であることは事実です。

最近アメリカでは、犬の乳がんが非常に減っています。ほとんどのメス犬が若いうちに不妊手術を受けているからです。最初のヒートまでに手術を受けた場合、乳がん発生のリスクは50分の1にまで減少するといわれています。2回目のヒートの前の手術でも3分の1以下に減らせるので、できるだけ早めの不妊手術をおすすめします。

オス犬の場合も、シニアになって発生しやすい病気の予防には、早期の手術が有効です。去勢手術によって精巣を取り除くと前立腺が委縮し、前立腺肥大症や前立腺腫瘍にかかることはありません。

また、男性ホルモンの分泌が抑制されるので、性衝動が起こりにくくなり、満たされない性的欲求からのストレスが軽減されます。

このように、不妊・去勢手術にはたくさんのメリットがあります。家族でしっかり考えて結論を出すことが大切です。

しつけは愛情のしるし

社会の中でともに暮らす仲間として、犬のしつけは不可欠です。吠えるから、噛むから、手に負えなくなったからといって、手放すことにならないためにも。それと同時に、決められた場所以外ではリードをはずさない、排泄物は持ち帰るなど、当然ながら飼い主としてのマナーも守らなければいけません。

生後数ヶ月のいちばん反応のいい時期にしつけをするのがベストといわれていますが、まずはいろいろな状況に触れさせて、社会化をはかるべきでしょう。「社会化」はとても大切な概念です。人や犬にどう対峙するかを学ぶのです。

しつけに関しては、ある時期を逃したら遅いということはありません。ただ、高齢だったり体力的に弱っている場合は、無理をしてはかわいそうです。犬として普通の行動ができ、基本的に健康であれば、遅すぎるということはないと考えましょう。自分でやってみて難しいと感じるならば、ドッグトレーナーに相談しましょう。

健康は毎日の暮らしから

愛犬を健康で長生きさせるには、やはり日頃のケアが大切です。スキンシップをはかりながら、毎日身体をくまなくチェックしてみてください。そして、栄養バランスの取れた食事と適度の運動、温度湿度など住環境の整備にも気を配ること。心身を良好な状態に保つことが、病気の予防につながります。

もし可能であれば、1歳のときにバースデイ健康診断を受けることをおすすめします。健診項目には、尿や便の検査、血液検査、レントゲン検査、超音波検査、心電図検査などがあります。希望する項目だけを受けることもできますし、主治医と相談してもいいでしょう。その後は、1年ごとに健診を受ければ、前年との比較ができます。

病気になったら病院で治してもらえばいい、と考えている人は多いと思います。しかし、日常のケアを積み重ねることによって病気を予防しようと考えるほうが、建設的で健全です。バースデイ健診は病気の早期発見につながることですし、それまでの1年を振り返り、これからの健康な1年を願うという意味でも、誕生日の行事のひとつにできます。

あなたが命を支えています

そして、最後にとても大切なことをもうひとつ。愛犬＝フレンチブルドッグにとって、あなたの存在は生きるすべてです。あなた自身が健康でいることが、飼い主の義務でもあります。自分の心身や生活をみつめ、悪いところを直し、愛犬との末長い健康ライフを目指してください。

フードのチェック方法

飼い主が簡単に見分けることができる項目は、大きく3つ。

❶『原材料表示』

きちんと原材料のわかるフードを与えよう。

❷『封を開けた時の匂い』

粗悪な原料が使われているフードはむせるような臭いがすることが多い。

❸『油』

フードの中には、重量をふやすために油を加えているような商品もある。

まずは目で見て、触って、匂いを確かめてみよう。

原材料は多いものから順番に表記されている。どんなものがいちばん多いか要チェックだ。あとは酸化防止剤などの添加物も見てみてみよう。酸化防止剤と書かれているものもあれば、ローズマリー抽出物などと記載されているものもある。添加物はどのような目的で添加されているのか目的がきちんと明記されているものがベター。添加物は大きく3つに分かれる。①栄養バランスを整えるための栄養添加物　②品質を保持するための添加物　③犬の食欲を喚起したり見栄えをよくしたりするための添加物……見慣れない単語がどのようなもので、何のためのものなのかを調べてみよう。ネット検索で簡単に調べられるはず。

下痢が多くありませんか？

下痢の原因はさまざまだ。食べ過ぎによる軽度なものから、精神的な不安やショック、消化管内異物、アレルギー反応、熱中症、命を脅かす感染症まで。

性格と骨格上、誤飲をしやすいフレンチブルドッグは、中毒や消化管異物による下痢がめずらしくありません。異物が腸に詰まる腸閉塞を起こすと、命に関わるので要注意。中毒も処置が遅れると死に至る危険性が。

フレンチブルドッグの慢性的な（3週間以上継続する）下痢で多いのは、アレルギーが原因のもの。食事性のアレルギーで、アレルギー症状が消化管の異常として出ているのだ。この場合、動物病院でアレルギー検査（最良なのはIgE検査とリンパ球検査の2種類を行うこと）をしてアレルゲンを探る一助にしたり、療法食を決められた期間与えて下痢が消失するかを見極めるなど、さまざまな方法で診断と治療を行っていくことになる。

腸で便を固められない繊維反応性腸症もよく見られる。

腸内で悪い菌が増えたために下痢が続くこともあり、このケースでは、抗菌薬を数週間投与すれば治ることがほとんど。

ほかに下痢で考えられる主な病気は、胃や腸の病気、肝臓の病気、膵臓の病気、慢性腎不全、内部寄生虫の感染症、ウイルスや細菌の感染症、リンパ腫や腹部のがんなど。

軽度な下痢であれば、水分は十分に取らせつつ、1日ほど絶食させると治る場合も少なくない。けれども、同時に嘔吐や発熱などが見られる場合は、熱中症や感染症など、緊急を要する病気の可能性もあるので、すぐに動物病院へ。

フレンチブルドッグのブリーディングを知っておこう。

良質なブリーダーから学ぶ子育ての極意を、日常生活にも活かす

ブリーダーの出産や子育て方法は、それぞれ細かく違います。ここでは平均的な出産と子育てについて記していきましょう。

まず、メス犬にヒート（生理）がくるところから始まります。ヒートがきたら交配相手のオスの所有者さんに連絡をとり、大まかな交配日を決めます。交配日は一般的に動物病院でスメア検査（メス犬の膣の粘膜から採取した細胞の形態から交配の時期を判断する検査）などを行い、日程を決めていきます。平均としては、ヒートが来た日から12日と14日、13日と15日くらいの2回交配が基本です。父犬が外交配（他犬舎など）の場合の交配料の平均は、チャンピオン犬で10万～15万円くらいが相場。もしその交配で妊娠しなかった場

合も、責任交配として次回まで交配の約束をするのが一般的です。無事、妊娠していた場合は、交配日から63日前後が出産予定日になります。

フレンチブルは帝王切開

出産までの母犬のケアとしては、フードをパピー用に切り替え、フードの量を増やします。それまでが1日2回としたら、同じ量を1回増やして3回にします。このとき気をつけたいのが、2回のまま1回の量を増やすと下痢になることがあります。下痢をすると母犬の母乳の質が悪くなりますから、気をつけるポイントです。パピーフードが合わない、量を増やして下痢をした、などの場合はすぐ元に戻します。

出産日が近づいたら、予定日の7日前から朝、晩と体温を計り記録します。予定日の3日前からは朝、昼、晩と体温を計り記録します。散歩や排便のあとは体温が変わるので、体温を計るときは母犬の状態が安定しているときにします。出産が近づくと体温が平常時より1度くらい下がり、目安的にそこから24時間以内に産まれます。

フレンチブルドッグは帝王切開での出産になるので、体温が下がった時点で動物病院に連絡して、獣医師に診察時間を相談します。この時の母犬の行動としては、元気がなく不安そうになる、ご飯を食べない、巣作り行動をするなどがあります。帝王切開での出産費用は病院によって違いますが、平均して5万～8万円くらいかと思います。

無事出産がおわり、お家に戻りましたら、母犬は麻酔で意識がもうろうとしているので、少し休ませてあげてから子犬を母乳につけます。子犬を母乳につけるときもそうですが、子育て中は子犬が母犬に潰されないように、逃げ場のあるお産スペースを前もって準備しておきます。

また、初産で自分が産んだ意識がなかったり、もともと気性の荒い母犬は、産まれた子犬を噛んで殺してしまうことも稀にあります。ですので子犬をはじめて母乳につける際は、子犬をつける前に母犬の顔に子犬のオシリを持っていき、匂いをかがせたり舐めさせたりして自分が産んだことを認識させながら、1頭ずつ母乳につけるほうが安全でしょう。

子犬の生まれたときの体重の目安としては250～300gならば安心できますので、帰宅後6時間くらいして母犬につける

くらいで大丈夫。250g以下でしたら、帰宅後3時間くらいして母犬につけたいところです。

母乳から免疫力をもらう

出産後24時間までの母乳を初乳といいます。初乳を飲むことによって、母犬から移行抗体という病気に対する免疫力をもらうことができます。この抗体によって、子犬は細菌感染などによる病気から身を守ることが出来ますので、初乳は必ず飲ませるようにします。もし母乳が出ない場合は、哺乳瓶やシリンジで人口哺乳します。ただその場合も、母乳が出るようになるまで子犬には吸わせ続けます。あきらめてやめてしまうと母乳が出なくなり、すべて人口哺乳でやらなくてはならないので、初乳のことも含めこの時点が大切です。人口哺乳の場合は、母乳が出るようになるまで2時間半〜3時間に1回のペースで哺乳することになります。

子犬の体重は毎日、朝、昼、晩とチェックして、体重に差が出来るようなら母乳の多く出ている位置にチェンジさせ調整します。子犬は生まれて10日目で500gが目安になります。子犬の排泄のケアとして、母犬が子犬の肛門や陰部を舐めているかチェックします。舐めていないようなら朝、昼、晩とマメに濡れたティッシュなどで子犬の肛門や陰部をつついて人工的に排泄させます。便が固まり排泄できなくなっている場合もあるので気をつけます。

生後3週間くらいから離乳期になり、ふやかしたパピーフードなどを1日4回くらいのペースで与えます。最初は食べ方もわからないので、ドロドロにふやかしたフードを口元に持っていき、舐めさせて覚えさせます。離乳食1日目は1回からはじめて、徐々に回数を増やしていきます。

子犬の歯は1ヶ月くらいから尖るので、母犬が痛くて母乳を嫌がりはじめます。なので生後1ヶ月の時点では離乳食を食べられるようにしておきます。パピーフードを3時間くらいぬるま湯でふやかし、指で潰して芯が残らない程度まで柔らかくします。離乳食の食べが悪い時は粉ミルクをかけるとよく食べてくれます。

生後1ヶ月くらいには、平らな皿にフードを入れれば子犬が自分で食べるようになる頃です。生後40〜45日くらいになると耳も立ってきます。生後60日くらいに1回目のワクチンを打ち、お引き渡しの準備を整え、選んでくれたオーナーさん宅へと巣立ちます。

ここまでが、子犬が産まれてからお客様のところに迎えていただくまでのざっくりとした流れです。実際にはもっと細かいケアや、ブリーダーさんそれぞれのオリジナルケアなどもあります。

ブリーダーとスタンダード

20年以上、犬一筋で生きてきたベテラン

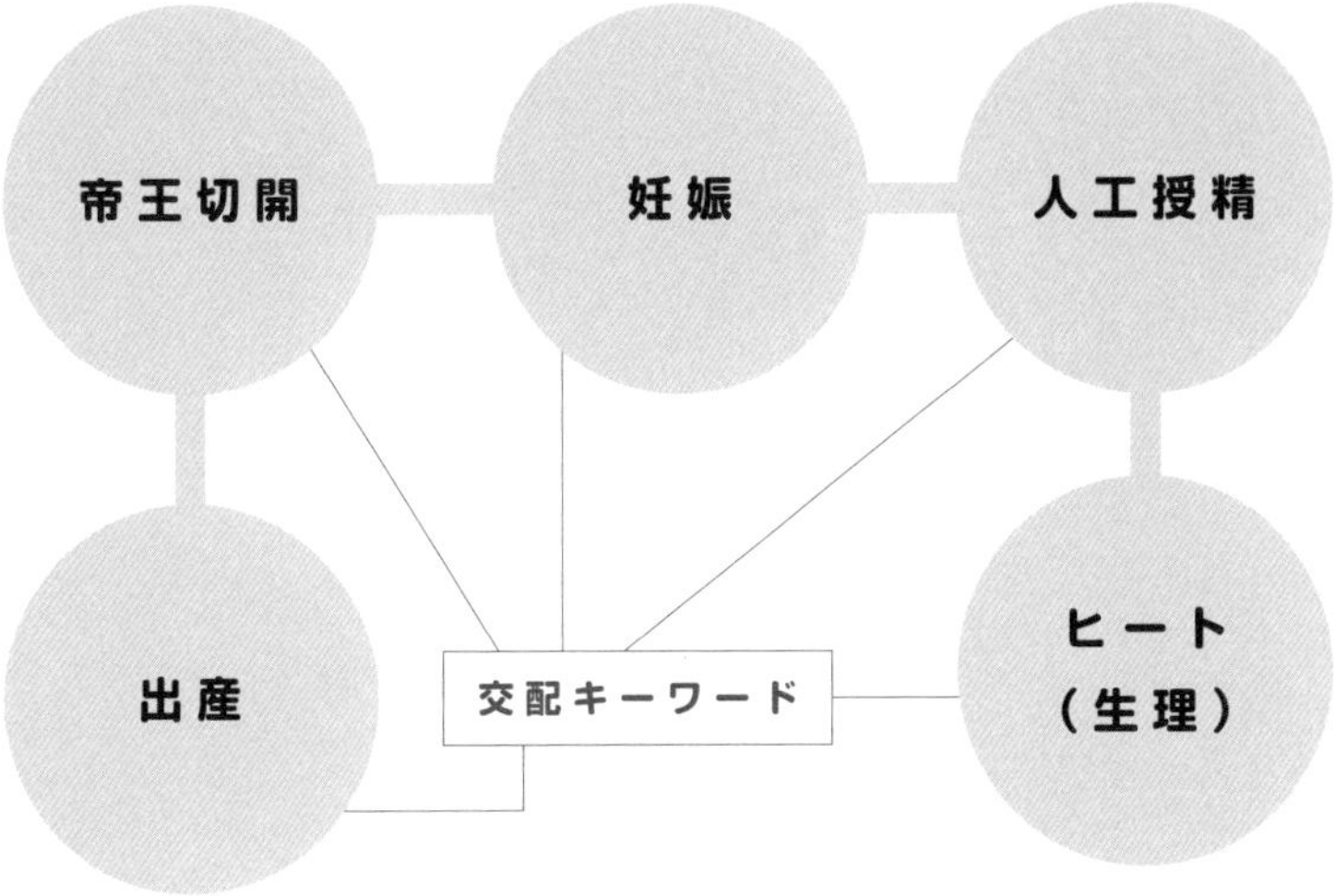

ブリーダー。世界に通用するフレンチブルドッグを作ることを目標に、一匹狼でストイックなブリーダー。繁殖を突き詰めるために、繁殖学の先生とタッグを組む血液マニアなブリーダー。とにかく環境が一番、犬質の良さは当たり前で、何よりフレンチらしい人懐っこい性格を作ることにこだわるブリーダー。さらに、ヨーロピアンタイプにこだわる、アメリカンタイプにこだわる、その中でも血液にこだわる、カラーにこだわる、などなど。一口にフレンチブルドッグのブリーダーと言っても、それぞれの背景、スタイル、考え方までさまざまです。

ただ、そんなブリーダーたちにも共通していることがひとつあります。質の高いブリーダーなら必ず共通していること。それは、ブリーディングの目指すところが「スタンダード」ということです。スタンダードとは、簡単に言ったらその犬種の「基準」。基準はJKC（ジャパンケネルクラブ）が定めるもので、いくつもの細かい項目から、フレンチブルドッグはこうあるべき、と示しています。質の高いブリーダーというのは、共通してそのスタンダードを目指して計画的に繁殖をしています。そしてその中に、ブリーダーは自分の犬舎の「顔」（タイプ）をプラスしていきます。苦労して作られた犬舎の顔をラインブリード（親子兄弟以外の近い血筋『一般的に3～5代祖』に同一個体が使用される繁殖方法のこと）しながら守り、さらなる向上を目指していきます。

犬種にはそれぞれの歴史があります。フ

レンチブルドッグにしても、先人たちがブルドッグ、ボストンテリア、パグなどの異種交配を繰り返し時間をかけ作り出した犬種です。フレンチブルドッグブリーダーを生業とするのなら、そんなフレンチブルドッグを作り出した先人たちの努力を受け継ぎ、自分たちの後世の人たちにも「フレンチブルドッグの正しい魅力」を伝えることが義務でもあるのです。

いちばん健全なかたちとは

子犬は、迎え入れてからが大変なことや、わからないことがたくさん出てきます。そんなときに、育てたブリーダーに直接相談できる安心感というのは非常に大きいですよね。

子犬探しをするときは、可愛い子を探したい、自分のタイプを見つけたい、ということだけに必死になってしまうものですが、当然ながら子犬は迎え入れてからが本番なのです。

質の高いブリーダーで生まれた、良質な子たちの中からお気に入りの子を選び、子犬はもちろん、兄弟や親犬も実際に見学して触れ合い、ブリーダーとも長く付き合っていける。これがベストなのではないかと思います。ブリーダーにとっても、苦労して育てた子の成長をずっと見られるわけですから、とてもうれしいはずです。これこそ子犬との出会いのいちばん健全なかたちなのではないでしょうか。

アレルギーや皮膚トラブル

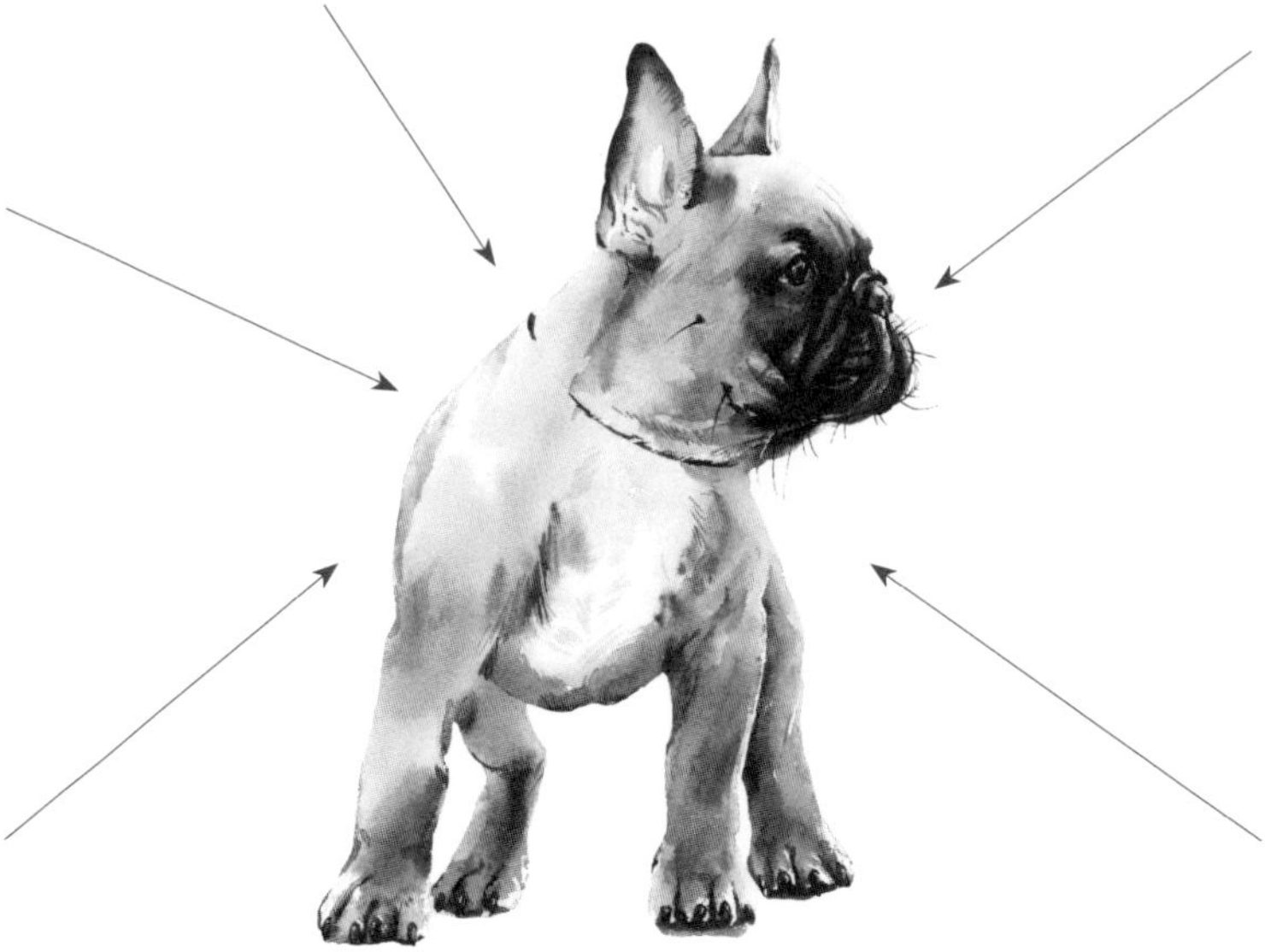

フレンチブルドッグは、ほかの犬種に比べるとアレルギー体質の犬が多くみられる。アレルゲンに対するアレルギー反応とは、炎症やかゆみなどが生じること。皮膚に炎症やかゆみが起きることもあれば、腸管アレルギーの症状で下痢が起こることも。フレンチブルドッグが下痢を起こしているとき、アレルギー体質が関係しているケースも少なくない。

アレルギー特有の症状が皮膚に現れた場合、皮膚炎になる。アレルギー性皮膚炎には、アトピー性皮膚炎、食餌性皮膚炎、接触性皮膚炎などがあり、アトピー性皮膚炎の発症には、遺伝的な体質との関連性も否めない。もともとアレルギー体質であったり、皮膚のバリア機能に異常があると、アトピー性皮膚炎を発症しやすいと考えられている。

とくに、若年のうちから外耳炎にたびたび罹患する場合、アトピー体質を持っているケースが多いともいわれるので、頭に入れておくとよい。アトピー性皮膚炎を早期に発見でき、悪化させる前に治療を開始できる可能性が高まる。また、早いうちからアレルゲンを特定したり、アレルギー体質の改善に取り組めば、アトピー性皮膚炎を発症しないで済むかもしれない。

フレブル耳の問題

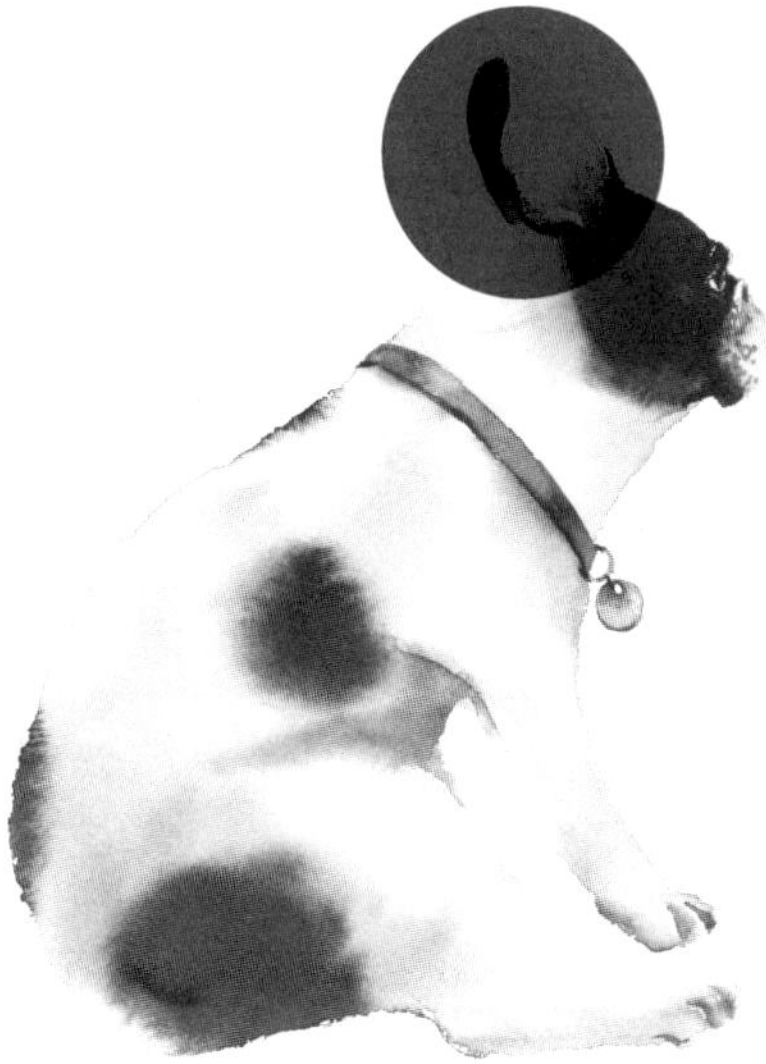

フレンチブルドッグは耳の問題が起こりやすく、治りにくい。さらに再発しやすいので、頭を悩ませる飼い主も多いだろう。これには、呼吸器の問題が大きく関係しているようだ。

耳管の働き
- **①大気と中耳腔の圧の調節**
- **②中耳腔内の貯留液を咽頭へ排出**
- **③中耳腔内の温度と湿度の調節**

フレンチブルドッグは軟口蓋が耳管のすぐ下にあるため、軟口蓋が長く、分厚くなっている（軟口蓋過長症）。すると、耳管の働きが妨げられ、中耳炎がおきやすくなってしまうのだ。
さらに、耳と脳は非常に近い位置関係にあり、耳の問題が起きると頭が傾いてしまったり、顔の麻痺がおきたり、脳に炎症がおこったりと、怖い問題につながってしまう。むやみに耳掃除をしたり、反対に怠っても危険なので、獣医師やトリマーなどのプロにお願いするようにしよう。

フレンチブルドッグと暮らすには正しい『溺愛』がキーワードになる。

ほかの犬種とは違う、ストイックで楽しいフレブルライフ

「溺愛」という言葉を聞くと、一般的にはハッピーなイメージ。けして不快な言葉ではないですよね。溺愛している飼い主さんを見るのが好きですし、溺愛しちゃっているときの自分自身も好きだったりします。しかし、辞書をひくと「むやみにかわいがること」「相手を客観的に見ることが出来ずに、盲目的にかわいがること」だそうです。実際には良い意味ではないようですが、大切な愛犬が長生きしてくれて、平穏なフレンチブルドッグライフが送れるように、ほんとうの意味での『溺愛』を提案していきましょう。

社会性を学ばせてあげる

他犬種の飼い主さんから、フレンチブルドッグの評価が低いのをご存知でしょう

か。ドッグランでは他犬に突っかかり、飼い主さんの制止や呼びが効かず、しつこくつきまとうフレンチブルドッグが多いそうです。犬同士のけんかのきっかけになりますから、相手の飼い主さんにとっては不快なことです。他にもオス同士は一緒にできないとか、散歩中に他の犬に吠える、引っ張り癖があり、コントロールが上手くできないといったこともあるようです。また、お出かけなどで環境の変化に対して、興奮しっぱなしのフレンチブルもよく見かけます。

本来、フレンチブルドッグは陽気で温和な気質で、人間にも犬にもフレンドリーなはずです。しかし、きちんとしつけをされていない犬は、他犬との距離感、冷静にその場を分析する能力が育ちません。そのような子は、空気を読めず、突発的な行動をしたり、興奮状態が持続する傾向が強いのです。

しつけられた子と、そうでない子とでは病気の治療などでの選択肢に違いが出ることがあります。獣医師としても、興奮しやすく、神経質な子に医療行為を行うのはリスクがありますから、消極的にならざるを得ません。

どのような場面でも、きちんとしつけられている犬はスムーズな生活ができます。家族同様の愛情を注ぐのは大変ハッピーなことですが、信頼できるドッグトレーナーといっしょに、その子に合った正しいしつけで、よい方向へ導いてあげましょう。

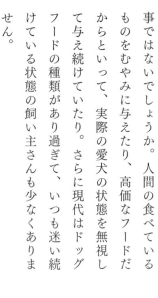

健康的な食事内容を考える

健康を維持し、寿命と最も関係しているのが食事です。実は可愛さあまってやってしまいがちなのが、犬にとって不健康な食事ではないでしょうか。人間の食べているものをむやみに与えたり、高価なフードだからといって、実際の愛犬の状態を無視して与え続けていたり。さらに現代はドッグフードの種類があり過ぎて、いつも迷い続けている状態の飼い主さんも少なくありません。

ドッグフードは大きく分けて4つ。海外大手メーカーのプレミアムフード、厳選素材が売りの超プレミアムフード、海外メーカーの安価なフード、国産の定番フード。「これを食べさせてください」と言い切れれば簡単なのですが、体質、食欲、年齢、持病の有無はそれぞれですから、飼い主さんが愛犬に合うものを見つけてあげてください。所感として、原材料の信頼性がとても低い海外の安価フードは避けたほうがよいでしょう。

ネット上に流れる評判や噂は後を絶ちません。よく聞くのが「○○フードは癌になる」というもの。犬の寿命が延びている現代では、最終的に癌になってしまうだけで、ドッグフードとの因果関係は不明です。人間同様、癌自体を完全に予防することは不可能だと思いますし、食べものよりも体質や血統のほうが深く関わっているように感じます。

良いフードとはなにか

① 歴史がある大手のプレミアムフード

生産から輸送まで、あらゆる面で大手メーカーは信頼できると思います。海外で長く販売できているということは、最低限の品質を維持している証です。海外はすぐに裁判になりますし、ほんとうに悪いものであれば、メーカー自体を存続させることが難しいと思います。

② 便が緩くならない

これは基本です。便が緩くなることを、悪いものを出していて「好転反応」だと説明しているメーカーがありますが、軟便多便で良いことなどひとつもありません。

③ 脂分が滲み出てベタベタしていない

脂っこいフードは材料自体のこともありますが、輸送や保管の段階でも問題ですから、与えないほうがよいでしょう。特にフレンチブルドッグは皮膚が強いほうではないので、脂分には気をつけてましょう。

④筋肉に張りが出て、毛艶が出る

痩せやすく、肉が付きにくいフードは、材料に動物性たんぱく質が足りていないフードです。わりと高価なフードでも痩せやすいフードは存在しますので、愛犬の状態を見極めてください。持病や高齢犬で、ダイエットが必要な場合を除き、基本的には痩せて毛艶がないのは不健康です。

痩せて張りがないことを「枯れている」と言ったりします。枯れた状態では抵抗力、免疫力に問題が出やすいので、十分な栄養が蓄えられていなければなりません。

以上4点を満たしているフードでしたら、ベターなフードだと考えられます。その他、肉類やサプリメントのトッピングで調整するのもありでしょう。完全な手作り食もよいですが、健康を維持するには、飼い主さんの知識がとても重要になります。

留守番が得意な犬に育てる

可愛がられている犬ほど、『分離不安症（飼い主が犬のそばにいないことへの不安がきっかけとなり、犬が問題となるような行動を起こすこと）』になる可能性が高いように感じます。その可愛がり方に問題があるのでしょう。飼い主さんと離れたとたん、息遣いが荒くなり、よだれを垂らす。

泣き叫ぶ。食事を拒否する、トイレをしない。これらは分離不安からくるものが多いのです。

生涯飼い主さんと離れるときがないのであればかまわないのですが、入院したり、ペットホテルなどに預けなくてはならないときが来るかもしれません。有事の際に安心して預けられるように、日頃からトレーニングしましょう。飼い主さんと離れられない犬は、預かる側にとっても、大変心配です。場合によっては断られることもあります。

待つことと独りぼっちに慣らす生活とは、具体的にどんなものでしょうか。まずはクレートで寝ることを覚えさせてください。家の中でフリーで飼うことは大賛成なのですが、クレートに入っても平常心を保てるように慣らしておく必要があります。動物病院などに預ける場合は、おそらくクレートに入れられるわけですから。

どこにでもいっしょに連れて行くのではなく、留守番を小さい頃から慣らしておく。案外、犬はお出掛けよりも、お昼寝がしたいときがあるのかもしれません。必要以上に独りにする時間を恐れたり、寂しさに弱いと思い過ぎたりしないようにしましょう。

グルーミング好きな犬に育てる

グルーミングは愛犬の体調の異変にも気づいてあげられる、大切なコミュニケーションです。

　ブラッシングは問題なくさせてくれる、シャンプーもおとなしくさせてくれるけど、顔付近は嫌がる、目薬をさすのは嫌がってしまう、爪切りは大暴れして、自分では切れない……。

　以上の例はフレンチブルドッグあるあるで、溺愛している飼い主さんでも、全部完璧にできないのではないかと思います。しかし、生きものと暮らす上で、ほんとうの意味での溺愛とは、自らが日頃の手入れや健康管理をしてあげることではないでしょうか。

　最初からトリマーや獣医師などのプロに任せると決めているならそれはそれでもかまいませんが、小さい頃からグルーミングを積極的にしてあげて、よい関係を築いていれば、きっと安心して身を委ねてくれる

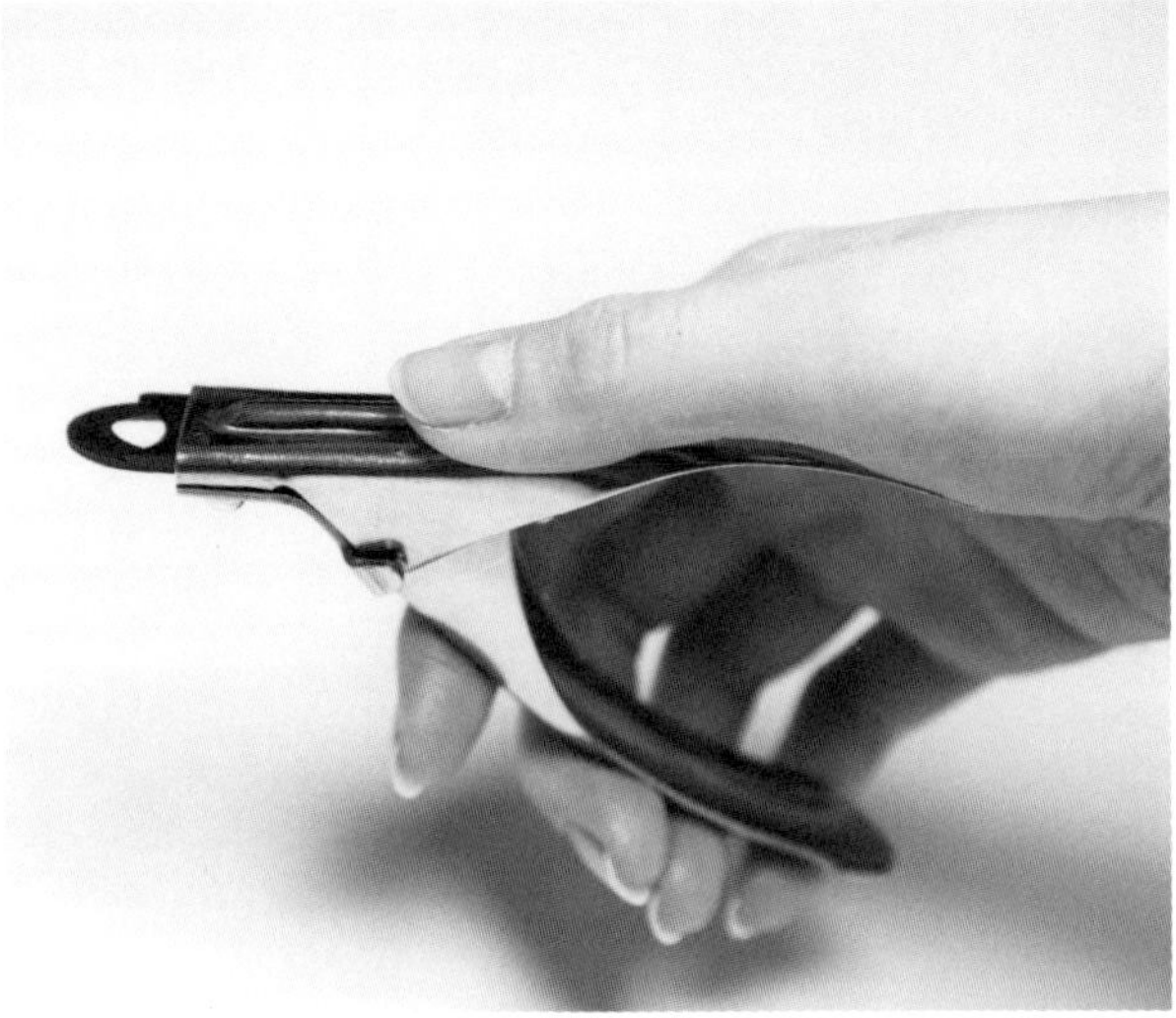

はずです。また、基本的に犬は触られることが好きです。グルーミングを嫌がるのは、飼い主さんを信用していないからです。痛いことをされるのではないか、という不安を生んでしまっているのです。成犬からチャレンジしても遅くありませんので、ぜひ頑張ってください。

正しい運動をさせてあげる

うちの子は毎日何キロ走らせている、ドッグランで何時間も遊ばせた、ボール投げ運動を何往復させている、夏には毎日泳がせている……。

これらは、フレンチブルドッグにとって悪いことではありません。しかし、度が過ぎたら害になります。愛犬をオーバーワークさせてしまっている方は、実は少なくありません。

年齢、ウエイト、血統的背景、持病の有無、四肢の関節や背骨の強度によって運動メニューは変えましょう。高齢犬、または幼犬や関節疾患の子に長時間（30分以上）の散歩は虐待でしかないですし、逆に、うちの犬は外に行きたがらないという理由で、外気に触れさせない飼い方も問題があります。

また、運動でストレス発散させるという考えの飼い主は多いですが、運動は健康を維持するための筋肉作り、代謝を促進することがメインです。ストレス発散にもなりますが、ストレス発散と疲れは紙一重で

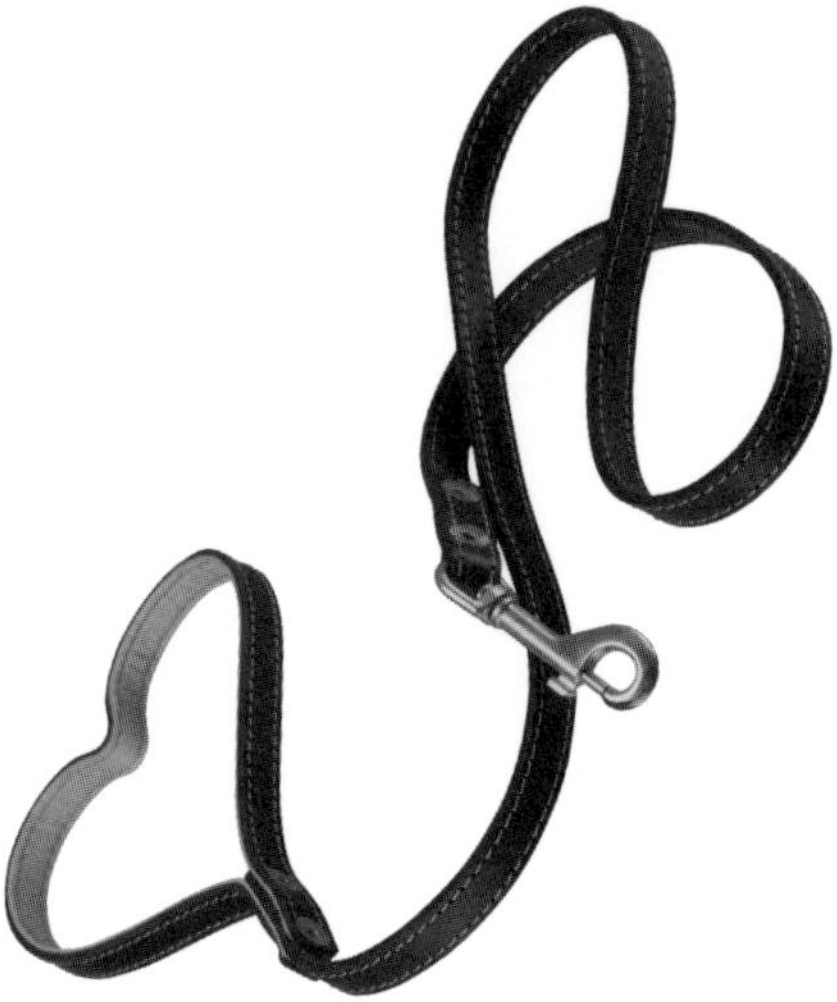

す。ストレス発散が目的であれば、運動とコミュニケーションを上手く組み合わせることで、きっと満足してくれると思います。良い組み合わせ例として、リードを付けた引き運動＋遊びを取り入れた自由運動＋クールダウンを兼ねた語らいタイム。運動の締めは、身体や足ををタオルで拭いてあげ、一緒に腰かけてゆっくりしましょう。きっと犬も飼い主も満ち足りた気分になります。運動は『適度なことを継続的に』がポイントです。

不要なストレスを与えない

人間社会で、ストレスをゼロにした暮らしは不可能に近いでしょう。犬も同様に、人と暮らす上でルールを守り、あらゆるがまんの上に成り立つ暮らし、ということに変わりはありませんから、当然ストレスを与えてしまうことも。しかし、飼い主の配慮で、ストレスを軽減し、不要なストレスを与えないようにすることは可能です。

私感ですが、ストレスを日常的に感じている犬は、短命傾向であり、思考力の低下、免疫疾患を患うリスクが高いように感じます。

避けられるストレス例

①運動や食事の時間を不規則にしない

あえて不規則な時間にしたほうがよいとの意見もありますが、毎日決められた時間にしたほうが、犬は変に期待しませんので、熟睡時間に充てることができます。期待して、人が動く度にソワソワしてしまうようでは、犬もきっとゆっくりできないでしょう。犬の体内時計は優秀なので、タイムスケジュールは精神安定に欠かせません。

②相性の悪い犬と無理に会わせない

飼い主さん同士は仲良しでも、犬同士は憎しみ合っている場合があります。会うたびに小競り合いを起こすようでしたら、絶縁させてあげてください。犬にとって、非常に疲れることですから。

③苦手な場所へ連れて行くのを控える

幼犬期の社会化トレーニングでは、さまざまな場所へ連れて行くべきですが、どうしても苦手な場所や環境がある子もいます。よく見る光景で、暑い日に人混みを歩かされていたり、大きな音がする場所に長時間居させたり、内向的、あるいは興奮しやすい子を不特定多数の犬が集まる場所へ連れて行ったり……。

例えになるかわかりませんが、人間で言えば、あまり気が合わない人が混ざっている複数人で、夕方のラッシュの電車に乗り、嫌いなジャンルのライブ会場へ行き、嫌いな音楽を爆音で聴かされるようなことなのかもしれません。どうしても留守番させることができない事情がない限り、もう一度よく考えてみてください。犬は睡眠時間が人より多く必要ですから、留守番するのも有意義な時間になるでしょう。

④動物病院に行くのを躊躇しない

病気は早期発見、早期治療を。犬は言葉を話せないので、どこが痛いとも言えず、大変なストレスだと思います。少しでも具合が悪そうであれば、すぐに動物病院へ行くのが基本です。

健全な居住空間を与える

夏と冬は室内でほぼ過ごすのが無難ですが、それ以外の時期は室内にいる時間と外を半々くらいでもよいでしょう。これは、運動させることではないので、スペースは必要ありません。庭がない環境でも、バルコニーや窓際で大丈夫です。陽が当たる部分と日陰になる場所の両方あれば完璧です。

外気（日光）は骨や皮膚の健康に欠かせ

ません。出来れば土にも触れさせてあげてください。清潔にしていれば皮膚病にならないというわけでもなく、むしろ外気や地面に小さい頃から触れている犬のほうが耐性が作られ、丈夫になると言われています。

また、室内においては足腰を傷めないように滑らない材質の床材を敷いたり、口にしたら害になるものや、誤飲の可能性がある物は犬が届かない場所に片づけてください。誤飲して開腹手術をする事故は非常に多いです。

クレートは、立った状態で耳が天井に当たらない高さで、中で楽々転回できる大きさのものを選んでください。狭過ぎるクレートは脚の発育（特に前脚）に悪いですし、眼球に傷が付くリスクがあります。ただし、あまりにも大きすぎるクレートは、トイレの失敗率が高いと思いますし、犬も落ち着いて眠れないようです。水はいつでも飲める状態が基本ですので、給水器などを利用してください。

健全な居住空間とは、オールシーズン適温に管理され、外気浴が十分にでき、室内にいる時間は足腰にやさしく、誤飲事故のない片づいた部屋であること、です。

濃密なコミュニケーション

ベタベタする、たくさんかまう、いつでもどこでも一緒。これも濃密と言えば濃密であり、ぜんぜん悪くありません。ただ、メリハリをつけましょう。『濃密なコミュニケーション』とは、喜怒哀楽を明確にし、感情を出した接し方です。飼い主は感情を表すべきです。よくあるしつけの本に書いてあるようなクールな接し方は、フレンチブルドッグには向きません。

欧米人はしつけが上手いと言われていますが、何が違うかと言えば、感情表現が上手なのです。頭で犬と向き合うのではなく、ハートで向き合います。回りくどいことは考えず、可愛く思えたとき、良いことをしたときはベタベタに褒めてあげ、ルールを守らなかったり、愛犬にとってもよくないと感じたことについては、思い切り叱り、不快感を出して、明確に愛犬に知らせます。わが子ですから、遠慮することはありません。メリハリと、自然な感情表現が、飼い主さんと犬の関係を良くするはず

です。

　また、欧米人は犬にたくさん話かけます。何でもないような言葉でかまいません。犬にとっては、自分が常に主人の意中にいると感じ、飼い主の言葉に耳を傾けるようになります。飼い主が事務的でクールな場合、飼われている犬は感情が薄いか、逆に興奮時のコントロールが苦手です。

　しつけの観点からすれば、甘やかしたり、ベタベタすることが必ずしもよいことではありませんが、『常に飼い主さんの意中にいる』ということが大切であり、必ず犬には伝わっています。

　犬はあくまでも犬として教育し、人間のルールに沿った生活をしてもらう。しかし、感情の面ではわが子同然の愛情を犬に伝えてあげる。それは喜怒哀楽を隠さないことで伝わります。感情むき出しのメリハリをつけた接し方が、本来のコミュニケーションではないでしょうか。

飼い主として考えること

　犬と暮らすことで神経質になる必要はないですし、楽しくなければ意味がありません。とはいえ愛犬のために、やはり考え続けなければならないことは存在します。

　動物病院は、現代の多犬種に対応しきれなくなっている印象があります。加えて、整形外科、皮膚科、内科、外科……すべてをひとつの病院でカバーすることは難しいですから、かかりつけ病院を複数持つことをおすすめします。

まずは、診断をきちんと確定できる獣医師を探しましょう。そのときの状況にもよりますが、検査もせず、まずはこの薬を飲んで様子を見てください、というような先生はどうにも頼りになりませんので、病院を変えたほうがいいかもしれません。

もちろん飼い主側の協力も必要です。飼い主としては症状のメモをとるなどして、できるだけ詳しく獣医師に伝えるべきでしょう。ただ、それでも確定診断ができない獣医師であれば、愛犬の病気を治すことは不可能です。

その他にも犬を飼う上で、飼い主が判断しなければならないことが無数にあります。『犬は飼い主を選べない』みたいなことをよく聞きますが、人間も同様に親を選べません。しかし、人間と犬の違いは、犬の場合、生きること、生活することすべてが人間（飼い主）次第ということです。飲み水すら、犬は飼い主にもらわないといけないわけですから。

我が子を知る

「うちの子のことは全部わかっている」、飼い主なら当然のように思っているでしょう。しかし、どこかで勘違いがあったり、思い込みで自分の犬のキャラクターを勝手に飼い主さんが決めてしまっている場合があります。

なぜそういう勘違いが起こるのでしょょ

う。それはわが子に対して、冷静かつ客観的な観察ができていないからだと思います。『正しい溺愛』を行っていれば、見えてくるものが違ってくるのではないでしょうか。『頭は冷静に、心は熱く』というのは、犬との理想的な関わり方です。

自分を理解してもらえないのは寂しいこと。犬は特にそうだと思います。理解されないから問題行動で知らせるわけです。犬が人によって態度を変えたりするのは、理解者と、そうじゃない人との区別ではないでしょうか。相手をすべて理解することは簡単なことではありません。しかし、犬にとっては飼い主がすべてです。犬は多くを望んでいません。寂しい思いをしたくないだけです。

飼い主はそんな犬のわずかな願いを叶えてあげるべきでしょう。

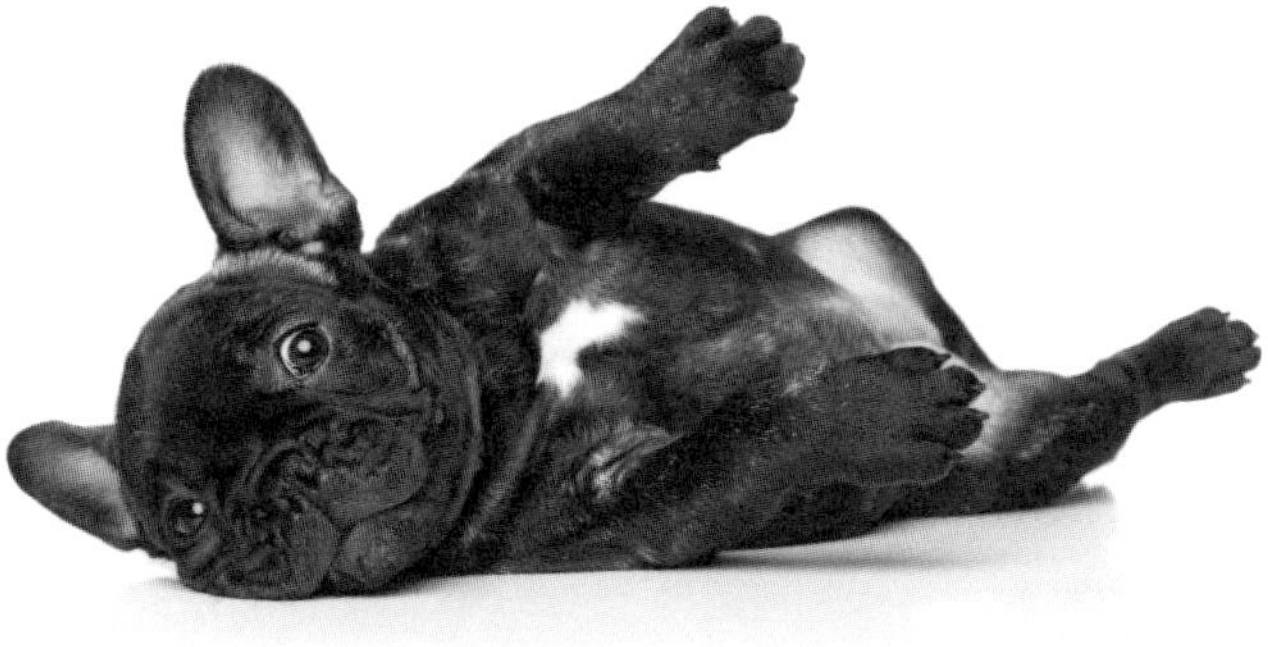

ストレスについて考える

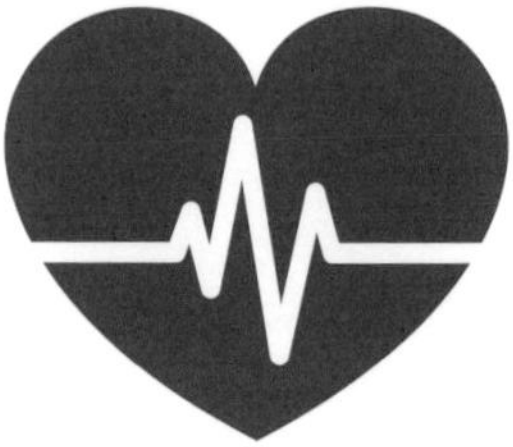

愛犬のいたずらを『悪いってわかっているのにやるんですよね』という人がいるが、それは違う。『悪いことして困らせてやろう』なんて犬は思っていなくて、純粋に楽しいからやる、ただそれだけ。犬は楽しいことにとっても正直だ。本能のままに生きるのが動物であり、フレンチブルドッグもそうである。
人間と犬は違うとよくわかっているつもりだったのに、一緒に暮らすうちに人間の価値観で愛犬を見てしまう。だってこんなに人間臭い犬種って他にないし、よくわかる。でもちょっと待って。以下で思い当たることがあったら、もしかしたらあなたの行動が愛犬のストレスの原因になっているかもしれない。

- □愛情表現のつもりでひっきりなしに話しかける【構われすぎストレス】
- □広々していたほうがいいだろうとハウス（クレート）を置かない【落ち着かないストレス】
- □散歩コースはだいたいいつも同じ【退屈ストレス】
- □散歩中、退屈なのでつい携帯ばかりを見てしまう【退屈ストレス】
- □可愛くて一緒にいるときはずっと体をなでている【構われすぎストレス】
- □クレートの中のブランケットをすぐにぐちゃぐちゃにしてしまうので、いつも綺麗にたたむようにしている【構われすぎストレス】

ストレスの要因は心身の苦痛や疲労だけでなく、過度な干渉や退屈、マンネリもなり得る。昔の野良犬がそうであったように、厳しい自然界では人間からの施しを受けることもない代わりに、うるさく干渉されることもない。彼らの掟に従い本能のままに生きるだけ。一方で、現代の犬たちは生命を脅かされるストレスがない代わりに、溺愛される家庭犬特有の『ストレス』にさらされている可能性もあるのだ。

ペット保険はどうする？

正直、フレンチブルドッグはお金のかかる犬種である。

大手のペット保険会社のデータでも、フレブルは保険金支払い額の多い犬種として常に上位ランクイン。皮膚や呼吸器のトラブル、目の病気、椎間板ヘルニアなど、治療内容は多岐にわたる。誤飲による手術も多い犬種だ。

日本ではペット保険に加入する飼い主のほうがいまだマイノリティなようだが、ことフレンチブルドッグの飼い主は、安心材料として利用する人も多い。

「ペットが他人にケガをさせたり、他人のものを壊した場合に補償される『特約』」には、そもそもペット保険に加入していないと入れない。フレンチブルドッグはパワーがあるし、興奮すると他人やほかの犬などにケガを負わせる可能性も。加入するなら、こうした特約を設けているペット保険を選ぶのが賢明かもしれない。

もちろん、ペット保険を利用せず、医療費分として貯金をするのもよいだろうが、ここ最近はいろいろなペット保険が充実してきているので、まずはチェックしてみてほしい。

フレンチブルドッグにはたして『リーダー』は必要なのか。

飼い主の生き方が問われる、新しいリーダーシップ論を

人間が犬と生活してゆく上で、よく聞く言葉に『愛犬の良きリーダーになる』というものがあります。

そもそも犬にリーダーは必要か、という議論は飼い主同士でもトレーナー同士でも意見が分かれるところであり、それぞれの言い分はあるものの、端的に言えば、『犬にリーダーは必要』なのではないでしょうか。そう考えて、論を進めましょう。

フレンチブルドッグ自身が、リーダーを必要と思っているかどうか、それも人間の格好をしたリーダーが必要と思っているか

は彼らに聞いて見ないとわからないので永遠の謎ですが、犬は自分が嫌だと感じたとき、危険を感じたときに、吠えることも噛むこともできる動物です。フレンチブルドッグは顎もしっかりしていて、噛む力も強い。そんな彼らと公共の場を散歩し、家の中で一緒に生活して、たくさんの刺激ある状況にぶつかりつつも、愛犬の安全を守りながら、周囲に迷惑をかけないようにコントロールするというのは、なかなかのスキルだと思いませんか。そして、それができるのは飼い主以外いないのです。

リーダーシップとは何か

どんなときにも毅然とした態度で、何が起きても動じず、慌てないで犬に接し、彼らにどうすればいいのかをはっきり示し、指示が出せる。そのルールが一貫している。愛犬は、危険や恐怖を感じてもパニックにならずに、飼い主の態度を見て指示を待つ……言葉で表せばそれがリーダーシップをとるということだと思います。

飼い主がしっかり指示を出し、コントロールしてあげないと、愛犬は迷ってしまい、自分の判断で本能的な行動をとることがあります。それは周囲にも危険を及ぼし、愛犬も危険にさらします。

「フレンチブルドッグだからしかたない、この犬種は興奮しがちだから……」とあきらめていたことだって飼い主のリーダーシップで解決することもあります。

チャイムで吠えがち

犬が飼い主（リーダー）の指示を待ち、行動するとはどういうことでしょう。

たとえば、来客時にチャイムが鳴ったら吠えるフレンチブルドッグ。よくある話です。そうやって吠えた最初のタイミングで、落ち着いて声も出さずに、愛犬の意識を自分に向けてみてください。実は吠えながらも愛犬は、こちらの出方をうかがっていることがわかるはずです。

そのタイミングがわかれば、こちらは悠然としながら、吠えたら「NO」と伝えてあげるだけでよいのです。吠えたらだめ、ではなく、吠える必要がない、ということをわかってもらう。

飼い主がリーダーシップをとっている縄張り内で、愛犬は勝手な行動をとらず自発的に待っているという状況をつくりあげる。

もちろんチャイムに吠えないからリーダーシップをとれているという意味ではありません。日常生活で何か刺激が起きたときに、愛犬が勝手に吠えたり、勝手に走り回ったりといった行動に出るか、飼い主の判断、指示を待つかどうかということでリーダーシップは計れるということです。

これは当然ながら、部屋だけではなく外でもいっしょで、動物病院やドッグカフェで他の犬が入ってきたときに「吠える」というのも刺激に反応し、犬が自分の本能に従って行動している状態です。ここでワンクッション、飼い主の顔を見て指示を待てるようになれば、きっと飼い主さんは立派なリーダーだと思います。

良きリーダーになるために

では具体的にどうしたらいいのか。まずは、毅然とした態度で指示を出すエクササイズを愛犬と毎日10分でもいいので行ってみて下さい。

普段のお散歩の途中で、「オスワリ」「マテ」「フセ」などの指示を入れながらお散歩するだけでも、飼い主さんから『指示が出る習慣』が犬の中に入ります。

日常的に指示を出す習慣を積んでいる場合と積んでいない場合で、いざというときに犬が飼い主の指示を聞けるかどうかは、大きく変わってきます。

そしてこれは、コミュニケーションでもあります。人と犬、通じ合ったときの気持ちよさは最高ですし、ますます仲良くなれた実感も沸いてきます。

「犬にリーダーは必要じゃない」という言い分も、もちろん一理あるのです。でも、この人間社会に暮らす以上、余計なトラブルを招く放任主義みたいなものは、自重するほうがよいでしょう。自分がリーダーシップをとれない言い訳を責任転嫁してはいけません。まずは一度、リーダーシップを愛犬に対して発揮してみて下さい。行動がどのように変わっていくか、確認してみる価値はあります。

フレンチブルドッグと話せるものなら話してみたい。

ボディランゲージ&カーミングシグナルと『匂いの世界』

私たちがフレンチブルドッグと暮らすのは、決してただそこらへんにかわいい犬を転がしておきたいわけではなく、ともに喜怒哀楽を経験し、家族として、伴侶として、一緒に生きたいからなのです。

となれば、コミュニケーションを強化することが必要になります。強化するといっても、私たちが働きかけるしか方法はありません。そしてそれは、とても楽しいことに違いありません。

まずはフレンチブルドッグとの会話のよすがになる『ボディランゲージとカーミン

グシグナル』について考えてみましょう。

ボディランゲージ

ボディランゲージとは、感情や意思を体で表現すること。フレンチブルドッグは体型的に意思表示がわかりづらい犬種ですが、短い尻尾をピクピクと動かし、シワの多い顔に更にシワを寄せ、唸る代わりに鼻を鳴らすなどして、彼らなりに一生懸命表現をしています。

カーミングシグナル

カーミングシグナルとは、自分や相手を落ち着かせようとするときに使うボディランゲージのことを指します。現在カーミングシグナルは30種類ほど認められているのですが、その内よく見られるシグナルは13種類くらいです。

『動き』はとても雄弁

たとえば、上半身が伏せの状態で、お尻を上げて尻尾を振っているときは、遊びに誘っているポーズですが、似たような体勢でも尻尾を下げて耳をペタンと倒している場合は、恐怖や不安を表しています。

マズルにシワを寄せて歯を見せるときは、警戒しながら攻撃態勢に入っていることを表し、耳を前にピンと立てているのは、やはり何かに警戒していて、すぐに対

応できる状態であるということ。逆に耳がペタンと垂れているときは、恐怖や不安を感じているときで、ジッと一点を見つめて動かないときは吠えようとしている予兆と考えます。

怒られているときにアクビをしたり、そっぽを向いたり、首などをかくのも、自分を落ち着かせようとしている行為。犬同士がドラブルになりそうなとき、急にオシッコをするのも同じ。自分自身や相手に「落ち着いて、落ち着いて」と呼びかけているのです。無防備な体勢をとることによって「あなたに攻撃をしかける気はありませんよ」と伝える意味もあります。

こういった行動や仕草を見せたときは、なんらかの信号を送っているのかもしれない、と考えてみてください。そして今の状況や、前後の自分自身の言動も思い返してみましょう。いたずらや当てつけをしているのではなく、不安や恐怖を感じているがゆえの行為かもしれません。決めつけたり、こちらの都合を押しつけていては、愛犬にストレスをためさせる結果になりかねません。

またボディランゲージを踏まえ、カーミングシグナルに注意をはらいながらしつけを行なえば、飼い主だけでなく愛犬への負担も軽減させることができるはずです。犬の気持ちを無視して無理やりコマンド（飼い主からの指示）に従わせようとしても、愛犬は納得のいかない窮屈な思いをし、飼い主もイライラしてしまって、お互いにただ苦痛なだけ。愛犬が自発的に行動できるように仕向けることができれば、双方にとって最高ではないでしょうか。愛犬は自分がとった行動を褒めてもらったうえに、上機嫌な飼い主を見ることができて、とてもうれしくなるはずです。そしてすぐにそのコマンドを覚えてくれることでしょう。犬は褒められることと、うれしそうな飼い主の笑顔が大好きなのですから。

匂いの世界

『フレンチブルドッグとの会話』、それはボディランゲージだけではありません。ボディランゲージは、犬が私たちに意思や感情を伝える方法ですが、それがすべてではなく、ひとつの手段でしかないのです。

彼らは人間には計り知れない『匂いの世

界』に身を置いています。彼らの鼻がいいのはご存知の通りで、これだけは人間がどう逆立ちしたって想像できないし、勝てっこない。彼らは私たちの感情（興奮や怒りや悲しみや不安や緊張等）を匂いによってかなり嗅ぎ分け、感じ取っているようです。

たとえば、夫婦げんかをすると愛犬にも緊張が走ります。最初は人間の言い争う声を聴覚で確認し、人間が怒りで身体を強張らせたり、大きなアクションになったりするのをボディランゲージとして視覚で認識します。

言い争いが終わっても怒りのモードが治まらない限り、愛犬も平常心には戻りません。それは、私たちの身体から出るストレスホルモンを彼らは鼻で嗅ぎ取り、まだ平穏が訪れていないことを察知しているからなのです。

必死に読み取るとする姿

不安そうなときの犬の顔を見てみると、頭を低くして鼻をひくひく動かし、空気中の人間の呼気の匂いを取り、こちらのモードを知ろうと鼻先を突き出してくる姿をよく見ます。フレンチブルドッグだって、短い鼻を必死に使って読み取ろうとします。これはまさに、私たちの感情や気分を知ろうとしているのであり、彼らは私たちと『会話』をしているのだと言えるのではないでしょうか。

人間同士の会話のほうが、『言葉』というツールで感情を隠したり、本心とは違う自分を表現することもできるので、コミュニケーションが楽なのかもしれません。犬との会話は、自分がいま抱いている本心や感情を隠せないので、私たち人間にとってはハードに感じるのではないかと思います。

ポジティブな感情を隠したりすることはあまりないでしょうが、特に隠したい緊張や不安などのネガティブな感情には、彼らは特に敏感です。

動物にとって、相手の怒りや緊張や不安などの感情は、彼らの死活問題に直接関わるからでしょう。犬たちがいちばん欲しいものは、美味しいおやつでもなく、ボールやおもちゃでもなく『安心』なのです。その場所が安全であるということが大前提のおやつであり、おもちゃである、と言えるのではないでしょうか。

一緒にいる相手が不安や緊張などのネガティブな匂いを出したら、犬たちにとってそこはすでに安全な場所ではなくなるというわけです。

フレンチブルドッグは私たちに常に耳を（鼻を）傾け、私たちの言葉を、感情を、聞こうとしています。直接愛犬に語りかけていなくても、愛犬は私たちといつでも、会話をしているのだと思いましょう。だから、たくさん愛犬に話しかけてみるのはとてもいいことです。首をかしげながら、一生懸命に聞き取ろうとしてくれるはず。

アイコンタクトと言語

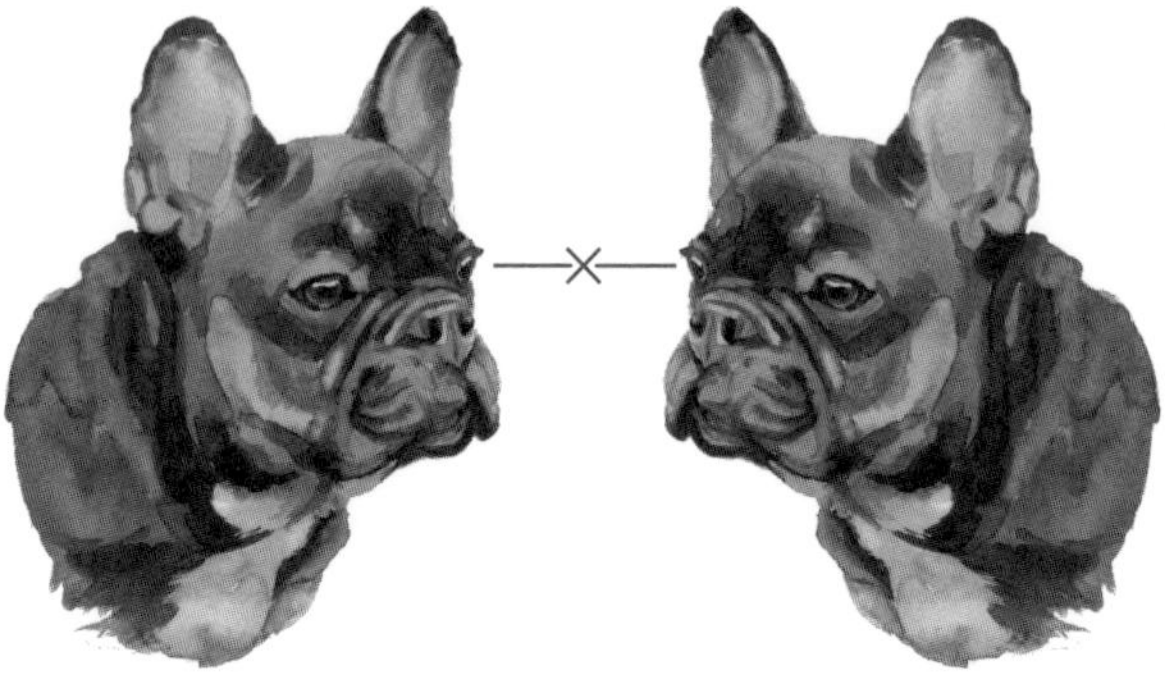

人間同士のコミュニケーション手段の一つに『言語』を使ったコミュニケーションがある。

しかし､犬同士のコミュニケーションの中には『ボディランゲージ』という､体を使って表現する手段がある。

ボディランゲージの中で比較的有名なものに、『アクビをする』、『体を掻く』、『身体をブルブルと振る』等、カーミングシグナル（緊張している自分を落ち着かせる、相手を落ち着かせる等）の一種として使われるサインがある。

犬同士のコミュニケーションは、一瞬のうちにたくさんのボディランゲージを組み合わせて速いスピードで交わされるので、全部拾うのは至難の業。

しかし、すべてを理解しようとする必要はない。

人間同士だって、１００％理解しあえる関係なんてないのだから。

ひとつだけ具体例をあげるとするなら、人間と犬の間で大きく異なる文化のなかに『アイコンタクト』というものがある。

人間同士のコミュニケーションでは、話を聞くときや誰かと話をするとき、ちゃんと相手の顔を、相手の目を見る『アイコンタクトをとる』ということが文化のひとつとして存在する。

しかし犬同士では、相手の目をしっかり見るという文化は良いマナーではなく、『威嚇』または『挑戦』と取られる場合がある。

犬同士が平和にすれ違いたい時、挨拶でお互いの交渉が成立し、『私たち仲良くなれそうね』という合図としては、『視線を逸らす』『相手の目を直視しない』『顔を横に向ける』というのが、彼らの中では良いマナーとされている。

人間文化と犬文化の違いを目の当たりにする、よくある光景だ。

必要なのは『はけ口』

『しつけ』と『トレーニング』は違う、という。

しつけとは、人間と一緒に暮らしてゆく上での社会生活のマナーやルールを犬に教え、家庭や公共の場で安全に人と犬が共存し、他人に迷惑をかけないようにすること。

トレーニングとは、もちろん『しつけ』や『ルール』を教える際に、訓練（トレーニング）をするという意味の使われ方もありますが、しつけ以外の部分、たとえばドッグスポーツや競技会、ゲーム大会への参加等のための『トレーニング』という意味でも使われている。

「競技やドッグスポーツなんて興味ないし、しつけだけできれば」

「吠えるし、家でも悪戯ばかりだから、それだけ直ればいい」

よく聞かれる声だが、しつけを教えてゆく段階で、『やってはいけないこと』という禁止事項を犬に与えるだけでは、必ずどこかに負担がかかる。こっちのフタを閉めればあっちのフタが開く状態。

必ず『はけ口』を作ってあげないと、いつか別のところに問題が出てくるのだ。

そもそも犬たちは、人間と一緒に何か作業（仕事）をこなし、一緒に生活してきた歴史がある。飼い主を困らせようと嫌がらせをするほど、複雑な思考回路で悪戯をしているわけでもなく、もちろん悪意なんてない。

単純に、退屈だから何か楽しくて熱中する遊び（仕事）がしたいだけ。

現在は家庭犬として、特に家の中での留守番生活を強いられている彼らは、まさに失業している状態で、自分に与えられた仕事がないためにチャイムに吠えたり、いわゆる困った行動を、まるで自分に与えられた仕事のようにこなすのだ。

特に、吠えや破壊行動等困った行動を繰り返す犬たちは、エネルギッシュなタイプや意欲の強いタイプが少なくない。

しかし、『はけ口』を作るといっても、なかなかクリエイティブに遊びを考えることが好きではない飼い主さんだと、途端に犬たちは退屈して、自分で遊び（悪戯）を考案する。

そんなときに、犬と一緒に参加出来るゲームだったり競技だったり、犬と遊ぶ（トレーニング）時間を作ることはとても有効だ。

目標があると、『ただ単にしつける』よりはがぜん飼い主のモチベーションもあがることだろう。ドッグスポーツ競技やゲーム大会のトレーニングをするだけで、毎日数分でも目的を持って犬に接することができる。犬たちにとっても、自分に明確に与えられた仕事があるというのは、うれしいことなのだ。

ただし、フレンチブルドッグはスポーツの内容をよく考えて臨もう。ジャンプする競技などは避けたほうがよい。

フレンチブルドッグ暮らしにフィットする環境を整える。

ベターな環境作りとしっかりしたアイテム選びを大切に

フレンチブルドッグと暮らしていくには、細やかな環境づくりが必要になってきます。とはいえ、難しいことはまったくありません。愛犬の様子を見ながら徐々にアイテムを揃えたり、整えていくのがいちばんいいやりかたでしょう。

『愛犬と飼い主が安心して過ごせる環境』を目指して行動し、それをきちんとキープする。環境さえ整えば、もちろん一緒に寝たっていいんです。

安心感のある環境作り

フレンチブルドッグと暮らすうえで、家

の環境としてはまず、暑くても寒くても風通しをいちばんに考えるべきでしょう。どこかひとつだけ窓を開けたとしても、抜けるところがないと風は入ってこないですから。『換気』はフレッシュな空気を循環させるという意味でも、とても大事なことです。

風の通り道を意識する

風は曲がってくれないので、開けた窓の対面に別窓があるといちばん流れやすいですし、窓が東西よりも南北にあった方が風は横切りやすいです。ただ、既存の住まいだとそのような間取りになっているとは限らないので、風通しがいいように狭い範囲で区切るのではなく、なるべく広い範囲を動けるようにしてあげた方がいいでしょう。

夏の暑い時期、愛犬用に一部屋だけを閉じてエアコンをガンガンかけるのではなく、広いエリアをまんべんなく風が動くようにしてあげると実は効果的です。最近の家は気密性が高いので、閉め切ってエアコンをかけていても、万が一エアコンが止まってしまえば中は蒸し風呂状態になります。

そして勘違いをしている方も多いと思うのですが、エアコンは換気をしてくれません。一部でそのような機能つきのものも販売されていますが、一般的なエアコンは空気の入れ替えをしてくれるわけではないのです。

一軒家あるいはメゾネットのお宅に限った話ですが、2階建ての家でも1階は比較的涼しい。でも1階の窓を開けっ放しにすると防犯の問題があります。そうなると、1階と2階を仕切る扉があれば開けっ放しにしておいて、2階の窓を開けておくのも有効です。

窓を開けられないなら、せめて個室のドアは閉め切らずに、なるべく広いエリアを愛犬の場所にしてあげて、空気が流れるようになっていれば問題ないでしょう。

あとは風が抜けるように家の中を片づけること。窓の前に何か置いているとそれだけで流れは悪くなりますし、犬の高さにも風が流れるようにするには、ごちゃごちゃと物を置かないこと。

熱中症に関していえば温度だけではなく、湿度にも注意が必要です。直射日光が当たっていなくても、高温多湿になると脱水症状を起こしてしまいます。

ちなみに部屋を除湿するには、除湿機があればいちばんよいのですが、珪藻土を壁に使うと、土の気泡に湿気調整機能があるので効果があるようです。自然派には植木や緑を置いたりするのもポイント。

また、床をひと工夫してみるのもいいでしょう。いちから貼り替えるのは大変ですから、愛犬が暑ければ、自分で動いて温度調整ができるような避難スペースを作ってあげるだけで違ってきます。素材は床土間やタイルがおすすめです。

部屋の中で床の仕上げや壁の仕上げも含めて、涼しい場所をいくつか作ってあげることが必要だと思います。夏だけならば可動式のクールボードを置くだけでもよいでしょう。

何よりもまずは愛犬が楽に過ごせること。基本フリーにしているのなら、愛犬が何も気にせずに普通にいられるようにすることです。そうなれば、こちらも何も気にしなくていいですし、いつも気を使わなければいけないような状況にしない、安心感をお互いに持てるような環境づくりをすることが大切です。

自分だけのベッドを用意する

フレンチブルドッグは快活な犬種だけに、たっぷり遊んだあとには自分だけのベッドでしっかり休ませてあげたいところ。自分だけの、というのがポイントで、たとえば多頭飼いならばそれぞれのベッドを用意してほしいと思います。安心して眠れる快適な場所をこしらえてあげることが大切なのです。

なお、フレンチブルドッグにぴったりなベッドの形はカウチタイプがおすすめです。フラットなタイプだと重たい頭のすわりがよくない場合が多いです。サイズは小さすぎず、大き過ぎないジャストサイズがベスト。愛犬がごろん、と寝ころんで脚も頭も落ちないくらいのサイズです。

クレートに慣れさせる

クレートは災害時の避難にも使えるので、必ず用意しておきましょう。狭い箱なので、慣れていないのに無理やり押し込むとかなりストレスになってしまいます。徐々に慣れるようにトレーニングしていくことが大切。最初はおもちゃやおやつなどを使って愛犬に『ここはよい場所』と思わせるのが肝心です。むしろ居心地がよくなってきて、自ら入るようになるまで続けてください。

手ごろなサイズのケージを

ケージ（檻）にもいろいろなサイズがありますが、丈夫でコンパクトなものがひとつは欲しいところです。クルマに積めば災害時の避難場所にもなりますし、移動も安心できます。折りたたみ式のものが使い勝手がよいでしょう。クルマに積む際はタイラップなどでしっかり固定すること。いい加減にしていると思わぬ事故が起こる可能性があります。

トイレシーツはたくさん用意

トイレシーツはスペアも含めて大量買いしておくことをおすすめします。フレンチブルドッグのおしっこの量は実はかなりのもの。身体のサイズからして、レギュラーではなくラージサイズを手に入れましょう。基本的には一度使用したらすぐに新しいものに変えること。衛生上もそのほうがいいいし、神経質な子だと、おしっこ跡が残っているシーツだとやりたがらないこともあります。

ハーネスがお似合い

一概には言いきれない部分もありますが、その体型と体重、さらに猪突猛進な性格からして、フレンチブルドッグにはやはりカラーよりもハーネスを使用したほうがベター。身体にも負担がかかりづらいでしょう。トレーニングにはカラーをつけることが多いですが、ふだんのお散歩にはハーネスを使用したほうがよいと思います。できれば質実剛健さの見えるプロダクトで、金具類と縫製に問題はないかよくチェックしてください。

フレンチブルドッグの日常ケア グルーミングの考え方とその方法。

豊かなコミュニケーションにもなるスキンシップメニュー

まず、初歩的なことから。『グルーミング』って何のことを指すのでしょう？　一般にトリミングと呼ばれるカットもこのグルーミングに含まれ、その他に、シャンプー&ドライ、ブラッシング、爪切り、耳掃除、肛門腺絞り、肉球のケア、歯ブラシなどの作業がグルーミングと呼ばれます。

長毛犬種は定期的にトリミングをするためにサロンに連れていき、一通りのグルーミングも一緒にやってもらう場合がほとんどではないかと思います。

短毛犬種であるフレンチブルドッグはトリミングの必要がないため、すべてのグルーミングを自分でやっている飼い主さんも多いのではないでしょうか。

でも、「自己流だけど、これで合ってる？」と思いながらやっている人もいるのでは？

グルーミングの目的

グルーミングを行う目的は、見た目をきれいにすることだけではありません。

犬の全身に触れることでボディチェックができ、被毛の状態、傷、皮膚病、しこりなど体の異常にいち早く気づくことができます。飼い主がやさしく言葉をかけながら愛犬の体に触れることはとてもよいスキンシップとなり、信頼関係を深めることにも。

日々、触れてあげることで、体に触られることに慣れ、動物病院での診察時に極端に嫌がるといったことも軽減されます。

短毛犬種であるフレンチブルは手入れが簡単と思われがちですが、シャンプーや耳の掃除など、ボディ全般のお手入れはどんな犬種でも同じように行わなければいけません。

特にフレンチブルはボディにシワがあり、皮膚が弱い子が多いことから、日常のお手入れで清潔を保たないと皮膚のトラブルに発展しやすくなります。

歯のケア

歯周病は万病の元です。歯磨き効果のあ

るおやつやおもちゃなどもありますが、やはり効果があるのは歯磨きです。犬用の歯ブラシ、ガーゼ状のもの、犬が好む味のデンタルケア剤など、さまざまな商品がありますので、嫌がらずに続けられる方法を見つけて、歯磨きを習慣にすることが何よりも大切です。

歯石がすでにたまってしまっている場合は、動物病院で麻酔をかけずに歯石取りをする方法などもありますので、プロの手も借りながら、歯の健康を守りましょう。

シャンプーのしかた

シャンプー剤が原因となる皮膚病もあるので、まずはその子の肌の状態によって合うものをチョイス。全身を濡らしてからシャンプー剤を塗布しますが、このときにおすすめなのが、先に泡立てネットやボディスポンジなどで十分に泡立ててから泡を使って洗うということ。体の上で泡立てようとすると皮膚の弱い子はそれが刺激になってしまうことも。泡で洗うことで、刺激を与えずに汚れを包み込み、ぬめり感も残らずにすすぎも楽になります。

顔のシワの間も泡で洗ってあげましょう。小さめのスポンジなどで少しずつ泡をつけて、目に入らないように注意しながら。顔を洗われるのが嫌いな子は、シャワーの水圧が嫌いな場合が多いので、顔にはシャワーを直接あてないように。スポンジにお湯をふくませて少しずつ濡らしてあげたり、

手桶に汲んで少量ずつ流したり、なるべくびっくりさせないようにすることがシャンプー嫌いを克服する秘訣です。

フレンチブルの場合は湯温にも注意。冬場はある程度温かくても大丈夫ですが、夏場は浴室内に熱気がこもり、体温が上がってハァハァと息が荒くなることもあるので、湯温を低めに設定するなど、様子をみながら調整しましょう。

シャンプーの後はできればコンディショナーを使い、保湿をしてあげましょう。特に冬場はエアコンや床暖房の影響で皮膚が乾燥しがちなため、落とした脂分を補うためにコンディショナーの使用がおすすめです。

シャンプーの頻度は、一般的には月1回程度がいいとされていますが、乾燥しやすい子、脂分が多く出やすい子など、同じフレンチブルでも個体によって違いがあります。状態を見ながら、その子に合った頻度を決めましょう。

フレンチブルは毛が短いため、乾きやすいと思われがちですが、毛の密度が高いため乾きにくく、乾いたと思っても根元に水分が残っていて、時間がたってから触れると湿っぽく感じることも。シワができやすい首のうしろなどは特に重点的に、全身をドライヤーを使って乾かしましょう。ドライヤーの前に毛を逆立てるようにしてタオルで拭いてしっかり水分をとることでドライヤーの時間を短縮できます。完全に乾かすことよりも、愛犬の状態を優先してください。夏場はハァハァと息が荒くならないように、冷風と温風をうまく使いわけるといいでしょう。

シャンプーのとき以外でも、毎日のお散歩の後に足を洗って、乾かさずにそのままにしておくことも皮膚トラブルの原因に。タオルドライでもかまわないので、足の指の間の水分をしっかりとるようにしましょう。

耳掃除はどうする？

耳掃除を嫌がる子は多く、飼い主さんにとって大変なお手入れのひとつでしょう。立ち耳の犬種は垂れ耳の犬種よりも、外耳炎などの耳のトラブルになりにくいと言われていますが、肌の弱い子は耳のトラブルもかかえやすいため、フレンチブルにとっては要注意ポイントです。耳の中が赤くなっている、腫れている、表面がボコボコしている、耳垢がひどく汚れている、匂いが強い、ひどく痒がっている……といったときには、自宅でお手入れをする前に動物病院で診てもらい、必要があれば治療を。

家庭でのケアでいちばん簡単なのはイヤーローションを垂らしたガーゼやコットンで、耳の中を拭く方法。ただし耳の穴に突っ込むのは避けてください。綿棒も犬が動いた瞬間などに傷つけやすいので使わないほうが無難かもしれません。

耳の奥の汚れを除去するためのイヤーローションを直接垂らす方法はあまりおすすめできません。かえって耳の奥に汚れを押し込んでしまったり、ローション自体が残ってしまう場合もあるので、基本的に耳の奥は獣医師かトリマーにケアをお願いするのがよいでしょう。

ブラッシング

ブラッシングはとても重要。体や皮膚の状態を細かくチェックできると同時に、適度な刺激でマッサージ効果もあるため血行がよくなり、皮膚の新陳代謝を活発にし、健康的な被毛を保つことにつながります。

とはいえ、力を入れ過ぎると皮膚の炎症の原因にも。あくまでやさしくしてあげることが基本です。

犬用のブラシにも種類がありますが、フレンチブルにはラバーブラシが使いやすいでしょう。片手で皮膚のシワを伸ばしながら、毛並みに沿ってやさしくなでるようにとかします。抜け毛が多いフレンチブルはブラッシングで抜け毛を落としてあげることで、家の中に落ちる毛を減らすことができます。

理想は毎日の習慣として、1日1回ブラッシングをしてあげること。時間に余裕がないときに焦って義務感でやるよりも、犬も自分もリラックスできる時間帯にやるほうがいいので、お散歩後、夜寝る前など、生活パターンに合わせてコミュニケーションタイムとして習慣づけていくといいでしょう。

フケが多く出るなど、皮膚の乾燥が気になるときは、保湿効果のあるグルーミングスプレーを使いながらのブラッシングがおすすめです。

肛門腺のケア

他の犬種の場合は、しっぽを反らせることによって肛門腺が絞りやすい位置に移動するのですが、フレンチブルはしっぽがないため、プロのグルーマーの間でも肛門腺がとても絞りにくい犬種だと言われています。お尻の穴を中心に見て、時計の4時と8時の位置から上に向かって絞り上げると出やすいと言われていますが、まれに上から下に絞ったほうが出やすい子も。

便と一緒に自然と排出する子もいるので、そういう子は無理に出すことはないですが、溜まりやすいタイプの子は定期的に出してあげないと炎症の原因に。お尻を気にしたり、お尻歩きをしたりしていたら溜

まっているサインとして、まめにチェックを。絞るときに極端に痛がる場合はすでに炎症が起き始めているかもしれないので、

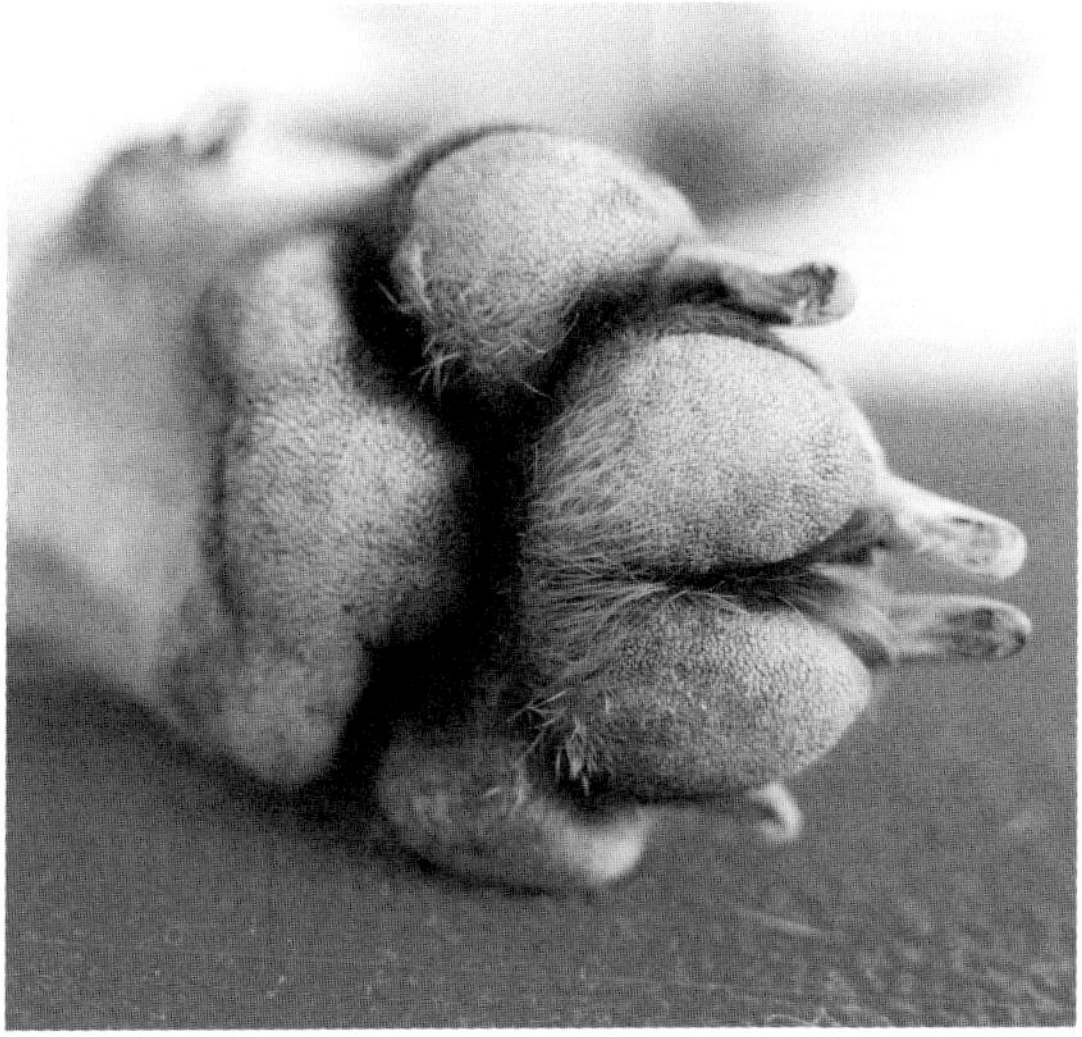

動物病院を受診しましょう。肛門腺のお手入れが苦手な人は多いので、きちんとできていないと感じる場合は、プロの手を借りることもおすすめです。

肉球のケア

冬は乾燥によって、夏はアスファルトの熱によって、犬の肉球はダメージを受けやすい部分。やわらかいプニプニの肉球を維持するためには、1年を通してのケアが必要です。サロンではまず水溶性のクリームでマッサージした後、油性のクリームでフタをすることで、保湿効果をより高めています。

また、肉球の間の毛が伸びていると家の

中を歩くときにすべりやすく、足腰にダメージを与える原因になることもあるので、歩く様子を観察してすべっているようであれば毛の伸び具合をチェックして、肉球からはみ出した部分を、注意しながらハサミでカットしてあげましょう。

爪切り

毎日お散歩に行って程よく削れている子であれば、あらためて爪切りをする必要はないという意見も聞きますが、長い爪は事故にもつながるので、やはり爪切りはしたほうがいいでしょう。まれに爪が巻いて生えている子がいますが、そういう子は短くても皮膚に影響してしまうため、やすりで角を取るなどのケアをしてあげましょう。

爪を切る際の目安は、白い爪の子は血管が透けて見えるピンクの部分に到達しないように先端の白い部分だけを。黒い爪の子は血管が見えずわかりにくいため、やすりを使いながら少しずつ少しずつ、整えてあげましょう。爪切りを嫌がる子の多くは過去に痛い思いを経験したからなのです。そうならないためにもくれぐれも慎重に。自分では難しいと感じたら、動物病院かトリミングサロンでお願いすることも考えてみてください。

その他の日常のケア

シワの間はフレンチブルならではの要チェックポイント。汚れがたまりやすく、汚れをそのままにしておくと皮膚の炎症の原因になるため、濡れたタオルで拭き取るなど、毎日のこまめなケアで常に清潔にすることが大切です。常に湿った状態で蒸れやすい子の場合は乾いたタオルやコットンで軽く拭いてあげるといいでしょう。

プラスαのケアとしては、お湯に精油をたらしてホットタオルを作り、全身を拭いてあげると温かさと香りの効果でリラックスを促します。精油はラベンダーなどが使いやすいですが、犬の香りの好みを優先して、嫌がるものは避けましょう。

また、耳の先が冷たくなりやすい子の場合は、血行が悪くなっていると考えられ、ひどくなると毛が抜けてしまうこともあるので、耳の先端をつまむようにマッサージしてあげるといいでしょう。軽くなでるだけでも効果があります。

噛み噛み問題

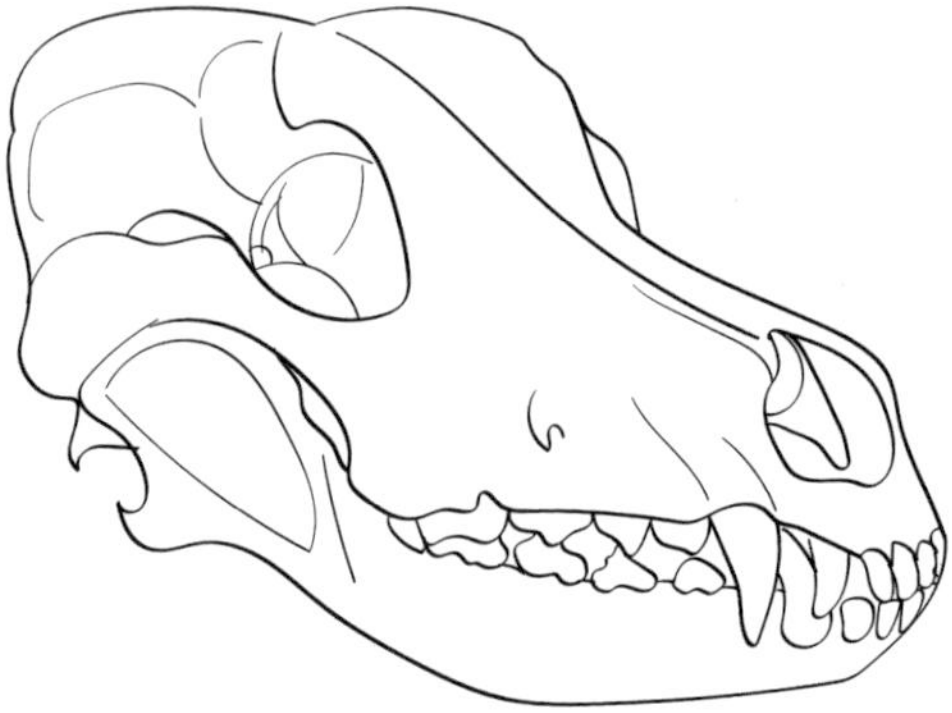

まず知ってほしいのは、犬の歯についての基礎知識。犬はもともと、大きな動物を捕まえて食べる生きものではありませんから、歯も大きな動物の骨やひづめを噛むようにはできていない。しかも犬の歯のエナメル質は、人間と比べてとても薄いので、硬いものを噛むとエナメル質が削げて割れてしまったり、先端が欠けてしまったり……という事故が多いのだ。
歯が割れたり削れたりする原因で多いのは「ひづめ」「アキレス」「骨」。ストレス解消や歯みがき効果を期待してあげている人も多いのでは？　愛犬がうれしそうに噛む姿を見るとこちらもうれしくなってしまって、いつも与えるようになってしまったり……。犬にとって『噛む』ことは本能的な欲求なので、噛みごたえのあるおもちゃやおやつはストレス発散になるが、硬すぎるものによって歯を痛めてしまうリスクも認識しておこう。
木製のおもちゃのような硬すぎないものならOKかというと、毎日かじっているうちに歯がすり減る場合もあるし、そもそも犬によって噛む力は違うので、「これならOK!」と言えるものは残念ながらない。愛犬の噛む力や噛み方の癖を見ながら、その子に合った硬さを見つけるしかないのだ。また、噛み砕いた欠片を飲み込んでしまうケースもあり、やはり目を離さないようにしよう。リスクを知り、「そもそもうちの子に、硬いおもちゃは必要なのかな？」と一度考えてみることも大切なことだ。

2

フレンチブルドッグの食事法

正しい知識でチョイスする、フレンチブルドッグの賢いフード選び。

種類がありすぎるドッグフードを見極める方法とは

愛犬に合ったフード選びは、オーナーの永遠のテーマです。そもそも、ドッグフードのタイプは全部で5つに分かれることを知っていますか？

年々種類が増えつづけるドッグフード選びに翻弄されないために、あらためてフードについて学んでおきましょう。

5つのタイプを学ぼう

ドッグフードは、5つのタイプにわかれています。最もメジャーなドライフードから、ちょっと聞きなれないセミモイストフードまで、それぞれの特徴といっしょに、まずは基礎から学びましょう。

①ドライフード

水分含有率は一般的に6〜10％ほどで、カロリー濃度はそのフードを構成する原材料の質や配合バランスによりさまざまです。水分含有量が少ないので長期保存が可能で、自由採食で与えることができます。

②セミモイストフード

水分含有率は15〜30％で、ドライフードよりも香りが立ち、肉の食感に近いので嗜好性が高い傾向があります。しかし水分が多いため、細菌やカビによって品質劣化しやすく、乾燥もしやすいため、多くのものには保存料や湿潤剤が添加されています。

③ウェットフード

水分含有率は約75〜80％であり、食感や香りが良く、嗜好性が高いのが特長です。また、品質保持のために密封容器に充填された後に加熱殺菌されていますので、酸化防止剤や保存料などは使用されていません。形状は、缶詰やアルミトレイ、パウチ型があります。

④冷凍フード

一般的には、生の素材がそのまま冷凍されているものをさします。肉や野菜など素材がそのまま冷凍されていてもの、肉や内臓、野菜などがあらかじめハンバーグのように混ぜ合わされていて、それ自体が総合栄養食になっているものなどがあります。最近では、惣菜やケーキなどが冷凍で販売されているものも多くみられます。

⑤ フリーズドライ

食品中の水分を凍結し、真空減圧状態で水分を気体にして（昇華させて）、乾燥させて作られています。水やお湯を加えれば、ほぼ元の状態に戻ります。生食材のフリーズドライは加工時に熱を加えないので、食材の栄養をそのまま摂ることができ、酵素や細菌の作用を受けにくく、保存性に優れているという利点があります。

フードの成分を学ぼう

成分は、フードを選ぶ上で最も大切な基準となります。すみずみまで必ず目を通すようにしましょう。

フードを選ぶ上で最も大切なのは『動物

性タンパク質が主原料』であること。犬は肉食性が強い雑食動物なので、本来の食性を考えると、良質な動物性の素材（つまりお肉や内臓類）が主原料になっているフードが好ましいです。

名称・使用部位が明確なものを選ぶ

ただし、動物性のものであれば何でも良いというわけではありません。「チキン、ラム、ビーフ、ベニソン、○○の心臓、肝臓」などと、名称や使用部位が明確に表示されていることが品質の指標の一つとされます。何の肉が使われているか、部位はどこなのか。きちんと表示されているものを選ぶようにしましょう。

添加物に注意する

成分でもうひとつ気をつけたいのが、添加物。さまざまな実験のすえ、犬たちのからだに悪影響を及ぼすと考えられる添加物をご紹介します。それらが成分表に記載されている場合は、避けるようにしましょう。

◎合成酸化防止剤／ＢＨＡ

ラットの前胃に発ガン性があることが報告されていますが、限定的な現象であるとされています。また、内分泌撹乱作用が報告されています。

◎合成酸化防止剤／ＢＨＴ

妊娠マウスに投与し、子マウスに発育障

害が発生することが報告されています。

◎合成酸化防止剤／エトキシキン

犬において肝臓毒性や過剰な涙流、脱水などの症状が報告されています。２０１４年に食品衛生法において、犬の研究結果を元に食品におけるＡＤＩ（一日摂取許容量）が引き下げられたましたが、ペットフードの基準は高いままです。

◎発色剤／亜硝酸ナトリウム

ハム・ソーセージ類の多くに添加されており、安定した食肉の色を保持し、風味を改善するもの。一方、胃の中で肉などに含まれるアミンと反応し、発がん性のあるニトロソアミンを生成する恐れがあることが指摘されています。

◎着色料／食用タール系色素

飼い主の目に訴える目的で使用され、犬の健康のためには全く必要のない添加物。現在日本で認可されているタール系色素の中には、発がん性やアレルギーの原因となることが指摘されており、米国や欧州で使用禁止になっているものもあります。

フレブルにおすすめのフード

フードのタイプ・成分をふまえた上で、フレンチブルドッグにおすすめするフードをご紹介します。愛犬に合ったフード選びの参考にしてみてください。

体重が気になる子に

体重が気になる子には、以下4つのポイントをおさえたフードがおすすめです。購入するときはぜひメモを。

・良質な動物性タンパク質が主体
・脂肪と炭水化物（糖質）の含有量が低い
・良質な脂肪源（DHA、EPAなどのオメガ3脂肪酸や中鎖脂肪酸など）を使用
・カロリーが抑えてある

減量サポートの成分として、Lカルニチンが配合されているものが多いです。繊維質を増量してカロリーをおさえているものもありますが、繊維質が多すぎるとフードの栄養価が減ってしまい、うんちが多くなったり、毛艶が悪くなったり、筋肉質量が低下する恐れがあるため、注意が必要です。

皮膚の痒みが気になる子に

皮膚の痒みが気になる子は、まずは病院でしっかり診察してもらうことが大切。食物アレルギーなど、食事が原因で痒みが出ている場合は、フードを変更することで解決することも。根本の原因解決にはならない可能性もありますが、以下のようなフードを選んでみましょう。

・単一の珍しいお肉、かつその他の原材料の数が限られているもの
・今まで食べたことのない原材料が使われ

たフード

・食物アレルギー用の食事療法食

ただし、症状がひどくなる場合や改善がみられない場合には、すぐに動物病院で受診しましょう。

食べムラのある子（食べない子）に

犬の嗜好に最も影響を与えるものは「嗅覚」、つまり匂いです。最近の研究では、犬種によって嗅覚に差があることがわかっていて、小型犬やフレンチブルドッグなどの短頭種は、比較的嗅覚が弱いそうです。そのため、しっかり香りがする、もしくはウェットなどの水分が多く、香りを感じやすいフードがおすすめです。

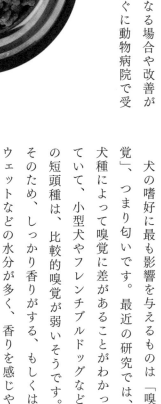

シニアの子に

犬も人間と同じで、年齢を重ねるにつれて太りやすくなります。それは、基礎代謝が低下し、ひきしまった筋肉も徐々に失われていくため。『高品質なタンパク質がしっかり含まれた低カロリー』のもの、シニア期の健康ケアに役立つ『良質な脂質（オメガ3脂肪酸やγリノレン酸など）』が配合されたフードを選ぶといいでしょう。その他には、次のような成分が入っているフードもおすすめです。よくチェックしてみてください。

・加齢に関わっているとされる活性酸素を除去する『抗酸化栄養素』
・お腹の健康に役立つ『プロバイオティクス』『プレバイオティクス』『バイオジェニックス』
・関節の健康に役立つ『グルコサミン』『コンドロイチン』『緑イ貝』や

適正な食事とは

食事の適量は年齢や個体差によっても違います。ドッグフードのパッケージの説明に、体重に対する適量が書いてありますが、これはあくまで目安としてください。毎日管理している飼い主が状態を見極めて、年齢や状態に対する適量を決めるようにしましょう。一般的にわかりやすいところでは、子犬でも成犬でもご飯の適量の目安として、便の状態で判断できます。便がゆるければご飯の量が多く、固ければ少ないということです。見た目での肥満のチェックとしては、犬を上から見た時に胴にくびれがあること、胸部を触ると肋骨が確認できることです。胴にくびれがなく、肋骨も触っても

確認できないようでしたら、肥満になりはじめているので注意してください。体重の計り方は、飼い主が愛犬を抱いてあげた状態で体重計に乗り、その後に飼い主だけの体重を計り、引いた重さで確認するとよいと思います。

それから、よく人間が食べているものをついつい与えてしまうことがあります。あの可愛い顔で見つめられたら与えたくなってしまう気持ちもわかりますが、長い目でみれば愛犬の寿命を縮めることもありますので、注意してください。そもそも人間と犬では摂取するものが違います。犬には塩分も糖分もあまり必要ありません。塩分の多い加工食品や、甘いお菓子などは肥満の原因になりますし、チョコレートの成分のカカオに含まれているテオブロミンは、神経を刺激して発熱、嘔吐、下痢につながることがあります。またネギ類（長ネギやタマネギなど）も大量に食べると中毒をおこし、血尿や下痢、嘔吐などの症状につながりますので与えないように気をつけましょう。人間と犬では食べるものは別であるということを頭にいれて、犬にふさわしい食物を与えるようにしてください。

また、手作り食を楽しみたい方もいると思いますが、手作り食で正しい栄養を摂取させるには、飼い主の勉強が必要になります。後頁にて解説しますので、よく読んでから挑戦してみてください。

ドライフードをメインにして、肉や魚、野菜などをトッピング、さらにサプリメントなどを加える形もありですが、十犬十色ですからこれを食べさせればよい、と一概には言えません。

フレンチブルドッグは、内臓が健康でアレルギーもない場合、秋冬は高タンパク、中脂肪。春夏は高タンパク、低脂肪が望ましいでしょう。冬場に脂肪分が不足しますと、皮膚のトラブルや抵抗力が低下します。夏場は脂肪分を控えめにしてください。指の間や顔のシワの間を見て、赤みがあれば脂肪分の摂りすぎだと思って差し支えありません。さらに、たんぱく質はオールシーズン、多く摂るべき犬種です。人間と同じく、筋肉質で丈夫な身体の元になりますから、たんぱく質、アミノ酸の摂取は大切だと言えます。

フレンチブルドッグに合った、間違いない手作り食のすすめ。

いつかはチャレンジしたい、完全手作り食のノウハウ

最近、手作り食をしたいという人が増えてきています。「愛犬に何か作ってあげたい」という親心から始まる人もいれば、フレンチブルドッグ仲間からの「手作り食がよいらしい」という情報を得たのがきっかけという人もいて、その思惑はさまざま。でも、最終的に行き着くのは「より健康的に、幸せ生活を送らせたい」っていう思いでしょう。となると、否が応でも「どうしたら過不足なくあげることができるの？」というところが焦点になってきます。

ここでは、食材の選び方から、適した調理法までを解説します。手作りを始める方、不安を抱えながら手作りしている方

は、参考にしてみてください。

肉の選び方

手に入りやすいところでいえば鶏肉、牛肉、ラム肉、豚肉でしょう。それ以外にも、馬肉、ダチョウ肉、ウサギ肉、鹿肉など、とにかくいろいろな種類のお肉をあげることが、バランスのよい食事を目指すうえで大切なことです。

また、肉の部分以外にも、部位（内臓など）を食べさせてあげてください。たとえば諸説ありますがS、心臓の具合が思わしくない子が心臓を食べるとよいとされています。その部位を作る上で必要な栄養素が入っており、取り入れやすく、足りない部分を補ってくれるという考え方です。手に入る範囲でよいので、心臓、肝臓、鶏の頭ごとなど、さまざまな部位をあげてください。

そして、大切なのは新鮮なお肉や内臓を選ぶということ。そして、肉も内臓も、若い動物のものを選ぶということです。肉で言えば、若鶏やラムなど、レバーなどの内臓も若いものを選んでください。骨付き肉をあげる場合は、若いほうか骨が柔らかく、軟骨も多いし、また骨の中に蓄積されてしまう毒素もまだ少ないという利点があるからです。内臓も同じ考え方です。

また、ただやみくもに何でも与えるのではなく、個々の状態にあわせて、あげることが大切です。ですから、手作りを始める前に、一度健康診断で病気チェックをしておくと、手作り食の良さが生きてくると思います。

たとえば、牛肉などの赤肉は血液を作るのに必要な鉄分が多いのですが、炎症を引きおこしやすいと言われています。それに対して、魚や鶏、豚などの白身肉や、鹿、イノシシ、カンガルーといった野生肉は炎症を引き起こしにくいと考えられています。

ですので、炎症をおこしがちなブヒは白身肉を中心に、逆に健康な子には赤肉と白身肉とを混ぜたり、1回1回使い分けたりして与えることが、その子にあった食材の選び方です。

牧草を食べて育っているヒツジや馬、牛などは、草から必須脂肪酸であるオメガ3を吸収しています。オメガ3は、生命活動の維持に欠かせない成分で、草をたくさん食べることで、栄養素が腸壁につくので、そのまま摂取できると言われています。

地元の信頼できるお肉屋さんで買うのもいいですし、インターネットで冷凍の肉を買われている方も多いようです。その際は、ペット用の肉だけではなく、人間用の肉も扱っているような業者さんの方が安心できると思います。

とはいえ、疑心暗鬼になっていては、手作り食の敷居が高くなってしまいますよね。その食品の安全性に関して追求していくときりがありません。毎日続けるものですから、人間の食べられるレベルのものというのを、ひとつの目安にしましょう。

野菜の選び方

野菜選びには、4つのポイントがあります。

まず1点目に、信頼できるお店で買うことが大切です。目安として、食品の産地表示がされているお店、宅配有機野菜、「○○さんの野菜」といったように生産者の顔が見えるもの、またプライベートブランドを持っているお店も、しっかりしていることが多いようです。なるべく有機野菜、または低農薬、無農薬のものをあげましょう。安心感が違います。

それに合わせて、そういった表示だけではなく、鮮度や痛み具合などは、飼い主さんの目でチェックしてほしい、というのが2点目。新鮮なもののほうが、より栄養価も高いのです。

おすすめなのは、やはり旬の野菜。これ

が3点目です。発育がよく、栄養量も一年のうちでピークを迎えており、さらに値段も安いと良いことづくめ。地元の野菜などが市場に売っていたら、ぜひとも買ってみてください。

そして最後に4点目、抗酸化ビタミン・抗酸化成分の豊富なものを、うまく組み合わせて摂るということです。「酸化＝老化」です。つまり、体がサビてしまうということ。免疫力が低下したり、細胞にダメージを与えたり、結果的に様々な疾患を招くといわれています。酸化の原因となる活性酸素は、食事、タバコの煙、排気ガス、日に当たる、化学物質などで体内に発生します。それから時間のたった揚げ物も要注意。

その活性酸化を消去するためには、抗酸化物質が必要になってきます。それから導き出されたのが、以下の野菜たち。まずは、抗酸化ビタミンが豊富な食品です。

ビタミンA（脂溶性） ニンジン、ホウレンソウ、春菊、レバー

ビタミンC（水溶性） ブロッコリー、イチゴ、パセリ、芽キャベツ

ビタミンE（脂溶性） カボチャ、※アボカド、アーモンド、小麦胚芽

ビタミンB_2（水溶性） モロヘイヤ、乾燥しいたけ、納豆、レバー

※アボカドでアレルギーを引き起こす子もいるので、いきなり食べさせないように。

これらは単品で摂るより、一緒に摂るこ

とで相乗効果が期待でき、働きがアップします。例えば、ビタミンEは、ビタミンA、Cの酸化を抑制し、ビタミンCは、Eの抗酸化作用を高める働きがあるというように。

続いて、抗酸化成分が豊富な食品は以下の通り。

カロテノイド類　トマト（リコピンなど）、ニンジン、カボチャ（βカロテン）、キャベツ（ルチン）、鮭（キサントフィル）

ポロフェノール類　ブルーベリー、なす（アントシアニン）、緑茶（カテキン）

食品の色素成分のカロテノイド類や苦味成分のポリフェノール類にも、活性酸素を減らす抗酸化成分が含まれています。とくに、カボチャやニンジン、ブロッコリーなどの緑黄色野菜は抗酸化物質が豊富。また、もやし、アルファルファ、ブロッコリースプラウトなど発芽しているものは、生命のエネルギーに満ち溢れていますし、犬にとっても栄養満点な食物です。きっと与えていれば、愛犬の健康に一役買ってくれるはずです。

食べないほうがよいもの

ネギ、タマネギなどは、犬の赤血球を溶かす成分が含まれているといわれており、非常に危険だと思います。また、チョコレート、生のジャガイモ、生の豆類なども中毒を引き起こす場合があると言われています。一般的にチョコレート中毒とは、含有されるテオブロミンに中毒反応を起こすことにより、嘔吐や下痢、発熱、痙攣などの発作や、血尿や脱水を引き起こしたり、ときには昏睡状態に陥ったり、命の危険にさらされたりもするといいますので、どうか気をつけてあげてください。

これ以外でも、食べさせないほうがよいとされているものがいくつかあります。まずはぶどう。フレッシュなものも、干しぶどうも、ともに毒素がある可能性があってNGです。マカデミアナッツなども避けてください。

それから、南国系の果物（バナナ・キウイ・アドガドなど）でアレルギーを起こす可能性があります。よく言われているのが、ラテックス・アレルギーに関与しているのではないかということです。天然ゴムのラテックスタンパクに南国系の食べ物が反応してしまっているのではないか、と。天然ゴムは、木の幹に傷をつけて樹液を採取し加工しますが、木を傷つけられることにより、生体防衛タンパクが他の植物より強いという話もあります。ラテックス・アレルギーの子はもちろん、天然ゴムを原料にしたおもちゃで遊んでいる子は、抗原性の強い南国系果物には注意してください。

続いて、疾患別に気をつけていただきたい食べ物について触れておきましょう。

まず、関節炎のある子は、イモ類、トマ

ト、ピーマン、ナスなど、ナス科の植物は控えたほうがよいといわれています。糖尿病の子はニンジンがNG。糖分が多く含まれているので、不向きでしょう。

甲状腺疾患の子は、ブロッコリーやキャベツ、カブ、大根といったアブラナ科の植物は与えないこと。すい臓に問題のある子は、生の骨は意外と脂肪分が多いのでいけません。尿結石の子は、ホウレンソウはやめておきましょう。シュウ酸カルシウムが溜まると、尿結晶になりやすいからです。そして、心臓病のブヒは塩分を控えるようにしてください。

最後に塩分の話ですが、一般的に犬に塩分は必要ないと言われがちですが、心臓病の子ではない限り、少量を与えるのは問題ありません。草食動物は、わざわざ岩塩を食べたりしていて、太古の犬はその草食動物を食べていました。そう考えると、塩分も多少は必要なのでしょう。わざわざ味つけすることはありませんが、たとえば発酵食品の味噌など、そのものに含まれる塩分は気にしなくてOK。神経質に塩抜きしたりせずともよいのです。

食材の処理法と調理法

豚肉以外の肉は生で与えてしまってもOKなのですが、衛生的に適切に扱われた肉であれば、という条件がつきます。いきなり生となると勇気が必要ですし、しゃぶしゃぶ程度にゆでるのがベターでしょう。

また、骨ごと食べさせる場合は、とくにフレンチブルドッグの場合は丸飲みしてしまう傾向があるので、丸ごとは危険です。ハンマーなどで細かく砕くか、または肉と一緒にミンチにしたものをインターネットなどで買うのがよいでしょう。

とくに鶏の骨は加熱すると縦に骨が裂けて、その先端が食道などに刺さって危険なので、骨の加熱は絶対にNGなのですが、例外として圧力鍋で骨がホロホロになるまで煮込んだものは大丈夫です。煮込んだスープも一緒にあげれば、栄養分も溶け出していて、非常によい食事となります。

また、そのスープでおじやを作るのも一興。穀物は一般的に消化しにくいといわれているので、トロトロになるまで煮込んであげるとよいでしょう。野菜もそこに入れてください。ただし48度以上になると酵素が壊れてしまいますので、一度冷ましてから入れるようにしてください。水溶性ビタミンの野菜が入っていたとしても、それを

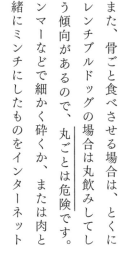

お米が吸収してくれるでしょう。

野菜の場合、肉と違って、まずは残留農薬をどうするかという問題があります。

それには、まずよく洗うこと。ほとんどの残留農薬や食品添加物は水に溶けますので、流水でていねいに洗うことで、流れ落ちていきます。スポンジや手でこするとさらによいでしょう。また、外側の葉や茎など、食品ごとに有害物質の溜まりやすい部分がありますので、そこを落として使うのも安心できます。

しかし、その反面「一物全体」という考え方もあります。無農薬や減農薬の野菜や果物を丸ごと食べてこそ、バランスが取れる、という解釈です。

どちらのほうがよいとは言いがたいのですが、さまざまな考え方があり、いずれにしても愛犬のためになにかを選ぶのは、飼い主のあなたしかいないのです。食材は手作り食の肝です。試行錯誤しながら、考えてみてください。

残留農薬の除去法として、あと2つほど考えられます。

まずはアメリカ式ですが、ボウルに重曹を小さじ2杯入れ、水で溶かし、野菜を20〜30秒つけたら、流水でよく洗うというもの。重曹には塩の30倍以上の毒素吸着効果があるといわれており、そこに着目した方法です。

次に日本式です。ホッキ貝を粉末にしたミクロパウダーで野菜を洗うというものです。貝殻粉末には除菌効果があり、ホッキ貝はカキ貝殻の20倍以上の抗菌作用があるそうです。

アメリカ式にせよ、日本式にせよ、こうしておけば、丸ごと食べることも可能です。

次に野菜の処理法ですが、ジューサーでぐちゃぐちゃにするのがひとつの方法です。そもそも、野菜類は細胞壁を壊さないと酵素が出てこないので、ぐちゃぐちゃにすれば酵素も出て、さらに消化吸収がされやすくなります。

蒸すという方法もおすすめ。栄養価が損なわれることがないからです。もちろん電子レンジを使うという手もあります。ただし、ある説では電子レンジで抗酸化物質の97％は破壊されると言われています。

最後にそれらの野菜を肉と一緒にトッピングして出してあげるだけ。

フードから切り替える方法として、3週間かけて徐々にやっていく方法と、1食めから完全に切り替える方法とがありますが、愛犬も飼い主さんも納得する形で始めましょう。

与える分量の目安は**計算式ⓐ**です。しかし、結果的には個体によって量はまちまち。だから、まずは始めてみて、体型やうんちの様子などをチェックしながら、増減していってはいかがでしょう。最初は下痢をしたり、体重が落ちたりするようですが、それは今までのフードを消化してきた消化酵素と新しい食材を消化するための消化酵素が違うためで、食べ続けることで適応していきます。ただ、下痢や嘔吐が長期間続くようでしたら、ほかの原因が考えられますので獣医師にご相談ください。

RER（Rest Energy Requirement）とは、正常な動物が常温環境で安静にしているときの1日に必要なエネルギー要求量のことです。ここには身体活動後の回復と摂食のため消費されるエネルギーなどが含まれます。

計算式ⓐ

◎1日にあげるエネルギー量

RER安静時エネルギー＝

70×体重の0・75乗

☝電卓を用意し、体重を3回かけて、その値に√√と2回押し、70をかけます。

1日あたりのエネルギー要求量

RER安静時エネルギー量に、以下の数値をかけて求めます。

◎通常の生活をしている犬の場合／避妊・去勢済みRER×1・6　未避妊・未去勢RER×1・8　肥満傾向RER×1・4　減量用RER×1　重篤・安静時RER×1　体重増加RER×1・2〜1・4

◎泌乳／RER×4〜8、または自由採食

◎妊娠／前半42日間RER×1・8　後半21日間RER×3

◎成長／離乳〜4ヶ月齢RER×4　4ヶ月齢〜成犬RER×2

※この計算式は健康な犬に限ります。老犬に関しては当てはまりません。

フードの上手な与え方

◉離乳期（生後3か月〜生後6か月程度）

犬は生後6か月がいちばん量を食べる時期と言われている。この時期は骨格などが出来上がる重要な時期なので、体の大きさは小さくても、成犬の食べる量をあげても問題ない。決してダイエットなどはしないこと。離乳期にドライフードを与える場合は、消化吸収をよくするため、フードは砕き、お湯でふやかし、すり潰してからあげよう。食事の回数は1日4回がベター。

◉幼犬期（生後6か月程度〜1歳未満）

この時期には骨、筋肉、内臓など、急激に体内の組織が発達し、体の大きさがほぼ決まる。量としては、成犬よりも少し多めの量を与えること。ただし、まだ胃袋は小さく、消化機能も安定していないので、消化によい食事を少しずつ、1日3回〜4回に分けて与えるのがよいだろう。おやつは食事の回数が徐々に減って、消化機能が安定し始める生後10ヶ月以降に工夫をしながら与えること。

◉成犬期（1歳〜6歳）

犬の大きさや体型がほとんど決まる時期で、食事の目的が“成長”から“体力の維持”へ変わるこの時期を『維持期』とも呼ぶ。この時期は、犬の生涯の大半を占める重要な時期。食生活はシニア期の健康状態に大きな影響を及ぼすので、栄養バランスのとれた食事をしっかりと。回数は1日2回を目安で。

◉シニア犬期（7歳〜）

個体差はあるが、だいたい8歳〜より、老化が始まる。運動の減少に伴って、必要なカロリー量も減ってくる。成犬期と同じ食事だと、エネルギーが完全に消費されず、肥満やさまざまな病気の原因となってしまうので、老化現象が見られたら、成犬よりも少し量を減らすこと。回数は成犬と同じく1日2回を目安に。また、腸機能の低下から便秘になりやすくなるので、食物繊維を意識して摂取させるとよいだろう。

3

フレンチブルドッグの健康術

フレンチブルドッグに好発しやすい数々の病気とその対策。

病気がちだなんて言わせないための、心構えと予防法

◎誤飲

……心構えと予防法

『誤飲』とは、喉にものが詰まったり、異物を飲み込んでしまうことを差します。

その詰まらせる原因として特に多いのが、意外に思うかもしれませんが『果物』です。その多くは、大きなサイズで与えてしまっているためです。よく聞くのは、リンゴや梨などでいうならば、1個を8等分したサイズくらいでしょうか。こう聞くと、ちょっと大きいですよね。

飼い主は、犬がゴミなどをあさることに関しては非常に神経質になっているので、その点での誤飲は比較的少ないのですが、逆に自分が与えるものに関しては気を緩めてしまっていて、意外な落とし穴があったりするのです。

他にも、ボールやガムなども誤飲の原因として多く見られます。犬は、ボールなどを取られまいとして、一気に飲み込んでしまうことがあります。特にフレンチブルの場合は、興奮しやすい子が多いため、異物をつい飲み込んでしまったり、食道に詰まらせたりする傾向が強いように思われます。

そしてもうひとつ、注意しなければいけないのが、紐状異物です。引っ張り合いをして遊んでいて、これもまた取られまいとして飲み込んでしまうというケースがよくあります。

「紐なんて便から出るでしょう」と思われがちですが、実はこれが非常に危険。紐を体外に出そうと、腸の蠕動運動が活発になり、どんどんと腸内壁のヒダが寄ってきて、腸閉塞を誘発することがあるのです。

予防法としては、果物などの食べ物は、丸飲みしても大丈夫なサイズまで細かくカットしてから与えること。人間が簡単に食べられるサイズでも、丸飲みする犬にとっては大きいことが多々あります。

それから、目が届くところに犬がいない場合は、おもちゃやガム、紐など、丸飲みしたり、つかえたりする心配のあるものは与えないというのも大事な点です。

また、留守番させる際、大人しくさせるためにガムを与えようという考え方もあるようですが、誤飲という面から考えると非常に危険ですので、避けた方がよいでしょう。

……症状

まずは多量のヨダレが出てきます。そして、フルーツやガムなどが食道に詰まっている場合は、吐きたいけれど吐けないという症状になります。またボールなどの消化酵素では溶けない異物を飲み込み、胃まで運ばれた場合は、泡を吐いたり、胃の内容物だけが出てきたりして、ずっと気持ちが悪そうにしているはずです。そして呼吸が荒くなり、パンティング（あえぐような呼吸）、開口呼吸をするようになります。

……対処法

インターネット等では、吐かせる方法などが掲載されていますが、それを一般の方が行なうのは非常に危険なことです。脱水症状を引き起こしたり、異物が食道に突き刺さったりすることがあるからです。

落ち着いて獣医師に連絡をし、指示を仰ぐのが最も適した対処法だと思います。また、誤飲は夜中に起こることも十分にありえますので、その場合は「翌日病院に連れて行けばいいや」ではなく、すぐに夜間の救急病院に連絡を入れてください。飼い主の危機管理として、普段から夜間や救急対応の動物病院をチェックしておくことをおすすめします。

目安として、飲み込んでから2時間は胃の中にあると考えてください。それを超えると、吐かせるのが難しくなり、ひどい場合は開腹手術をしなければならないこともあります。犬は人間と違って、唾液に消化酵素がないので、食道で詰まったものが溶けることはありません。ですから、「いずれ溶けてなくなるだろう」というのは間違った考え方なのです。呼吸ができれば死に至ることはありませんが、処置が遅れれば遅れるほど、食道の組織が傷害を受けますので、早急に動物病院へ連れて行きましょう。

病院での処置

まずはレントゲンを取って、異物を確認します。固形物は写りますが、ビニールやティッシュなどは写らないので、その恐れがある場合はバリウムなど造影剤を用いたレントゲンとなります。

基本的に吐かせる処置を施しますが、異物の大きさや状況によって難しい場合は内視鏡で、さらにそれも厳しいとなると開腹手術となります。

一瞬の誤飲が小さな身体に大きなダメージを負わせることになりますので、たかが誤飲と思わず、日頃から愛犬の口にするものには細心の注意を払っていただければと思います。

◎皮膚疾患・アレルギー

心構えと予防法

◉皮膚の疾患について

フレンチブルドッグは皮膚疾患がとても多い犬種と言えるでしょう。皮膚病やアレルギーの原因は、それぞれの犬によって異なりますので一概にこれと明言することはできませんが、皮膚病の多くは、シャンプー治療がとても効果的です。そのときの愛犬の状態に合わせた薬用シャンプーを使用してください。獣医師と相談するのがおすすめです。

まずはシャンプーを泡立て、身体をその泡で覆ったら10分ほどそのまま待ちます。そうすることで、シャンプーの中に含まれる薬剤成分や保湿成分が肌にしっかり届けられるのです。そして、その後しっかりと洗い流しましょう。

次にドライヤーで身体を乾かしますが、その際、温風のあて過ぎには注意してください。その熱で、皮膚がより一層ダメージを受けたり、乾燥したりする場合もありますので、時には冷風に切り替えて、あまり長時間温風をあてすぎないのがベストです。完全に乾かず、半乾き状態でも問題ありません。よく「半乾きだと雑菌が繁殖するのではないか」と心配する方がいらっしゃいますが、そもそも皮膚には常在菌が存在し、まったく細菌がいないということはありません。半乾きで多少雑菌が繁殖したとしても、特にトラブルに発展することは少ないでしょう。

また、どの程度のペースで洗えばいいかという点については、獣医師と相談してください。こまめに洗いたい飼い主と、月に一度しか洗えないという飼い主とでは、獣医師としても提案するシャンプーが違ってきます。もちろん、皮膚状態によってもしかりです。合うシャンプーであれば、極端な話、毎日洗っても大丈夫。そもそも、犬が野性で生活していた時代、毎日雨に濡れても健康に過ごしていたことを考えると、毎日身体を濡らしてはいけないという通説は矛盾しているように思うのです。

シャンプーで身体をこまめに洗うことで、皮膚状態をコントロールしている犬もたくさんいます。あとは飼い主の管理次第。長年皮膚病を患っている犬の飼い主は、あらためて基本に戻って、シャンプー治療を行なっていくことも大切です。

それ以外にも、食事や生活環境によるアレルギー反応としての皮膚病もあります。何に反応しているのか、アレルギー検査で知っておくことは非常に有効です。しかし、アレルギーで反応したすべての要因を排除して生活することは、恐らく難しいのではないでしょうか。食べ物など口に入れるものは徹底し、ハウスダストなど環境中の物質は極力避けるという心構えで、あまりストイックになりすぎずに管理していくのがベストだと思います。

それを踏まえた上で、フードを選んでください。手作り食は、栄養バランスの管理が非常に難しいのですが、チャレンジしたい、どうしても手作り食を与えたいという場合は、よく勉強して、栄養バランスが崩れない工夫をしたほうがよいでしょう。

ちなみに、フレンチブルドッグの好発的な皮膚疾患で代表的なものは、アカラス(ニキビダニ症）です。

主な症状は脱毛で、その部分は若干赤みがあります。円形に局所性の脱毛から始まり、悪化すると全身に拡がっていきます。顔面から首、横っ腹あたりがよくできる部位です。ニキビダニが皮膚に寄生することで発症するのですが、ほとんどの犬が寄生していると言われていますので、原因は自己免疫力、抵抗力の低下だと思われます。

1歳未満の若齢犬が発症した場合は自然治癒することが多く、成犬で発症した場合は難治性になります。いずれの月齢も獣医での治療法は駆除薬や薬浴になります。細菌感染で患部が化膿してしまった場合のみ抗生物質を用いて治療しますが、基本的には自然治癒を待ったほうがよいと思います。

根本は自己免疫力、抵抗力の問題ですから、強い駆除薬でニキビダニを殺虫しても、再びダニに感染すればまた発症します。むしろ、次に発症した場合はさらに症状が重くなるケースが多いように感じます。

若い犬であれば、清潔だけは保ちつつ、自然治癒を待つことをおすすめします。加齢と共に抵抗力が高まることが大いに期待できるからです。成犬で発症した場合は、重症化しますし、他に基礎疾患がある場合もあるので、早期に治療を始めましょう。

◉アレルギー症状について

突然、顔がパンパンに腫れ上がったりするアレルギー症状もあります。ワクチン注射や、草むらに入って何かしらに反応したなど、原因はさまざまです。特にワクチン注射は、それまで何ら問題なく接種していた犬が、突如として反応してしまうことも少なくありません。

この場合、日常生活の中で突発的に起こるものですので、予防の方法がないというのが現実。むしろ対処法を確実に、迅速に行なうことに主眼を置きましょう。

……対処法

皮膚疾患の場合、原因の特定が困難なことが多いので、日々のシャンプーや食事に留意し、アレルギーの要因をなるべく避ける生活をして、良い状態をできる限り長くキープできるように、長期的に管理していくことが最も大切なことです。

逆に急性のアレルギー症状が出た場合は、迅速な対応が大切になります。

まずは呼吸や意識に変化がないかを確認し、すぐに病院に連れて行って、アレルギーに対しての処置（アレルギーを抑制する注射、興奮して体温上昇している場合や吐き気をもよおしている場合はその処置、ときには静脈点滴や入院の場合も）を受けてください。

また、アフターケアとして、急性アレルギー症状が出たときのことを振り返り、何か普段と違うことをしなかったかと徹底的に考え、原因を探ることが大切です。たとえば、ワクチン注射を打った後に症状が出たならば、次からはアレルギー対策をしてからワクチン注射をする、草むらに入って出たのならば草むらに近寄らない、何かを食べたというのならば、その食物を与えない……というように、その思い当たる原因を元に、ケアするようにしてください。

◎熱中症

……心構えと予防法

毎年多くの犬が熱中症になり、動物病院に担ぎ込まれます。かわいそうなことに、そのまま命を落としてしまう子も少なくありません。飼い主の心構えひとつで予防することができるので、基本的な知識を身につけておいてください。

まず、犬が生活する空間は人間の空間よりも地面に近く、アスファルトの照り返しと太陽の光とで、人間よりも温度が高いことが多いです。また、犬は人間と違って汗をかけず、体温調節は口と鼻のみで行なうという身体的特徴もあります。特にフレンチブルドッグの場合、鼻腔が狭い子が多く、また鼻道も短いので、身体に熱がこもりやすい傾向にあります。

5月頃になると、熱中症になる犬が非常に多くなってきます。初春でも急に温かくなった日などは、「まさかこの時期に」という心構え不足によって、熱中症になる場合もあります。また、そういうポカポカ陽気の日は飼い主のテンションも高めのことが多く、それを察知した犬のテンションも上がってしまい、体温が上昇するということとも原因の一つとして挙げられます。ですから、そんな天気のいい小春日和は、要注意なのです。

予防法としては、まずは暑い日はお散歩を控えるというのがひとつ。真夏の猛暑日以外も、春先のお天気の良い日の日中のお散歩は避けてください。

日が沈んだ後にお散歩に出る飼い主もいますが、アスファルトの熱が冷めていないこともありますので、目安として30度以上ある日はお散歩はお休みするとよいでしょう。どうしてもお散歩しなければならない場合は、早朝にしましょう。

そしてお散歩中は水をこまめに飲ませること。また、ぬるま湯を入れた霧吹きで、全身に水分を振りかけ、気化熱で温度を下げるように心掛けるのも効果的です。多少びしょ濡れになっても、お散歩をしている間に乾くので心配はいりません。その際、冷たい水をかけると、体表の毛細血管が収縮し、熱を奪われまいという状態になって、逆に熱をこもらせる原因になりますので、春先は水道水を40度くらいに温めたものを使いましょう。逆に夏は水道水自体がぬるく、水もすぐに温まるので、そのまま霧吹きに入れてOK。また、体温を上げないもうひとつの工夫としては、内股や脇、首といった大きな血管が通っている部分に、保冷剤などを巻きつけ、血液を冷やすという方法もあります。

家にいる場合は、犬のいる場所に温度計を置き、23～25度になるようにエアコンを設定して、点けっぱなしにするのがベスト。お留守番させるときも、エアコンをそのままにして出かけるのが望ましいです。さらに、いつでも十分に水分を摂れるように水をたっぷりと用意し、可能であれば空気の通り道を作って風が循環するようにしてあげてください。

……症状

身体が明らかに熱くなり、パンティングと開口呼吸、そしてときたま口から深く息を吸うというのが大きな特徴です。そもそも犬は、さまざまな匂いから周囲の情報を得るため、鼻腔呼吸が重要な動物です。しかし、それが口でも呼吸をしなければならないというのは、鼻だけではまかなえない異常事態が発生している証拠だと思ってください。そして、その場合、口の中が乾いているのも熱中症のサインです。

……対処法

いかに身体の内部の体温を下げるかが課題になります。初期の目標は39・5度以下に下げることです。

よく冷たい水に身体ごとつけると良いと言われますが、これもやはり毛細血管が収縮して、熱を保とうと作用してしまうので、まったくの逆効果です。水に身体ごとつければ、確かに身体の表面が冷たくなったかのように感じるかもしれませんが、それはあくまでも表面的な温度。肝心の身体の内部の温度は下がってはいません。

効果的なのは、お散歩のときの予防法と同じく、内股、脇、首などを保冷剤で冷やす、冷たすぎない濡れタオルで覆う（必要以上の冷たさは血管を収縮させてしまい、逆効果です）、霧吹きで常温水をかけるなどです。そして何より、迷わず早急に病院に担ぎ込むことが大切です。体温が41度を超えるとさまざまな細胞が修復不能なダメージを受けてしまうので、昼夜関係なく、一刻も早く獣医師に診せてください。

病院での処置

その熱中症がどのレベルに達しているかにもよりますが、とにかく体温を下げる処置を施し、38度前後の平熱まで下げる努力をしていきます。そして熱中症で程度の差はあるにせよ、脱水症状も併発しているので、その補正をします。重度の熱中症で肺水腫を起こしている子は、酸素室に入れたり、ショック症状が出ている子は、それらに対する処置を実施したりします。

◎胃拡張・胃捻転

心構えと予防法

胃がパンパンに膨らむ胃拡張、そして例えるならばキャンディの包みのように胃の入口と出口を支点に回転してしまう胃捻転は、フレンチブルは胸が広いという身体的特徴があるがゆえに、引き起こしやすい犬種だと言えます。特に、胃拡張になって動物病院に来る子が多いように思います。

明確な原因が分かっていない病気ではありますが、何らかの消化不良が原因で、ガスが溜まって起こる症状なのだと考えられています。食事を一気にかきこんだり（早食い）、食後すぐに運動したりするとなりやすいようで、興奮してガツガツと食べる子や、時を選ばずにすぐに興奮してしまうフレンチブルは、特に注意が必要です。

予防法としては、食後の散歩や遊びなど、運動や興奮状態に陥る要因を避け、早食いを防止するように作られた犬用の食器を使うなどでしょうか。

また前足を高くし、後ろ足で立たせて食べさせるという体勢も、早食いおよび拡張・捻転の予防に効果的です。どうしても早食いしてしまうという子は、試してみてもいいかもしれません。

……症状

お腹が明らかにパンパンに膨れていて、押すと腹圧が高い状態になります。それに伴い、吐き気をもよおすことが多いです。しかし胃拡張の場合は吐くことができるのですが、胃捻転にまでなってしまうと、吐きたくても吐けなくなります。

お腹にガスが溜まるので、だるくて動きたがらなくなったり、ときには泡を吐くこともあります。多くは、いつもとは異なる表情となり、元気がなくなるのですが、ごくたまにお腹はパンパンなのに、元気な場合もありますので、そのときはケージで休ませるなど様子を見るようにしてください。

また動きすぎると胃拡張が、胃捻転に繋がることもありますので、その症状が出た場合は、とにかく安静にして、すぐに病院に連れて行ってください。

病院での処置

まずはレントゲンで胃拡張、胃捻転の有無を確認します。犬はゲップが出にくい動物なので、少し手荒なようですが、食道にチューブを差し込んで、ガスを抜く処置をします。

処置をしなくても、オナラやゲップとなってガスが放出されることもありますが、その運任せな対処法はリスクを伴います。胃拡張をそのままにしておくと、何らかの拍子に胃捻転へと転じることがあります し、胃捻転になると全身の血行状態が悪化してショック状態となり、最悪の場合は死に繋がることもあるのです。疑いを持ったら、すぐに病院に連れて行ってあげてください。

◎椎間板ヘルニア

心構えと予防法

フレンチブルは活発な性格で、興奮するとジャンプをしたり、段差を上り下りしたりする子が多いと思います。それが膝や股関節に負担をかけるばかりでなく、椎間板ヘルニアなどの脊椎疾患の原因になることも非常に多いため、注意が必要です。また、おもちゃをくわえて首を振って遊んでいたら、急にヘナヘナと倒れ込むように腰に力が入らなくなってしまう子もいます。これもヘルニアの症状です。

とにかくフレンチブルの場合、生まれつきから胸椎に奇形の見られる子がほとんどですので、常に何らかの異常が生じた場合に対応できるよう、心がけていてください。

一番望ましいのは、しつけの三大要素である、オスワリ・フセ・マテを、犬がどんなに興奮していても指示できるように、日頃から訓練をしておくことです。特に興奮しやすい子の場合は、飼い主がいかに制御できる力を持っているかが大切。さまざまな病気予防につながるでしょう。

環境面での予防策として、フローリングの床は、やはり膝や股関節に負担がかかるので、動物用の滑り止めワックスを床に塗って、ツルツル感をなくしておきましょう。できればコルクマットなどを敷き詰めるのがよいかもしれません。また、ジャンプやソファーなどへの飛び乗り、飛び降り、階段の昇降をさせないのも大事です。

とはいえ、やはりフレンチブルドッグの活発さを好む飼い主も多いと思います。その活発な姿を封じてまで予防に神経質になることがよいことかどうか、それは飼い主次第ですが、少なくとも、興奮状態を制御できる関係性を築くことは必要です。犬は賢い動物ですから、身にふりかかる危険は察知するのではないかと思うのです。それでもヘルニアになってしまうのは、その危機感を忘れてしまうほどに興奮してしまうからなのではないでしょうか。ですから、興奮状態を避けるように飼い主が日頃から誘導してあげることが、とても重要なのです。

症状

脊椎疾患には種類がありますので、一概には言えませんが、症状として多いのは、腰が立たない、後ろ脚を引きずっている、脚の運びがおかしい、などがあります。腰が立たないというレベルになれば、誰しもが異変に気づくのですが、後者2つの場合、そのまま生活してしまうこともあります。「脚をくじいたかな」程度に認識していたものが、実は脊椎疾患だったという事例も少なくありません。

麻痺が進行すると、次第に脚を上下に動かせなくなったり、感覚がなくなったりして、両足とも麻痺してしまう子もいます。

病院での処置

まずはただ痛いのか、それとも神経の障害なのか、原因をチェックします。そして手術が必要かどうかを判断します。

飼い主も、愛犬の様子が少しおかしいなと思ったら、まずその症状が進行していないか、翌日に良くなっているのかを観察、記録してください。獣医師も軽度の脊椎疾患の場合は、即座に診断できないこともありますので、この記録を獣医師に伝えることで、より的確な治療を選択できる場合もあります。また、経過の観察をしていくという面でも有効です。

◎短頭種気道症候群

………心構えと予防法

『軟口蓋過長症』は、食道や気道の入口付近にある軟口蓋が長く、フタのようにパタパタと動いて気管のs入口を塞いでしまう症状。また『鼻腔狭窄症』は鼻の穴が小さくて呼吸がしにくい症状をさします。

フレンチブルドッグの場合、いびきが大きいのを普通だと思っている飼い主も多いようですが、それは異常な状態であると認識してください。いずれの症状もない犬は、たとえフレンチブルであろうとガーガーという呼吸音や、激しいいびきはしないものです。

飼い主はまず、そのような異音を少しでも感じたら、その音がするのは吸うときか、吐くときか、吸い始めなのか、吸い終わりなのかといった、詳しい状況を把握してください。獣医師に相談する際、どういった症状なのかも、診断する上で重要な材料のひとつになります。

フレンチブルドッグのような鼻ぺちゃ犬は、鼻道が狭いことで、陰圧（内部の圧力が外部より低い状態）が生じ、その影響で軟口蓋が引っ張られて内側に伸びてくることがあります。また、それは、マズルが短く、物理的にスペースがないということも原因のひとつです。

予防策はあまりないのですが、やはり体重を増やさないのはひとつのポイントです。太っていると、喉の空間を推し縮めることになり、より一層苦しくなってしまうからです。犬も、人間と同じく隠れ肥満がいますので、日頃から体重や体脂肪の増減を観察しておくことはとても大切。体脂肪の目安としては、避妊・去勢済みの場合はオス、メスともに25～35％、避妊・去勢をしていない場合はオスが20～30％、メスは25～35％です。

………病院での処置

放置しておくとどんどん悪化するのが、この短頭種気道症候群の特徴です。常に苦しい状態が続きますので、犬にとっては大きなストレスになり、寿命にも影響しかねないでしょう。

いびき音がする場合は、鼻腔狭窄症が疑われますので、医師の診断を仰ぎ、鼻腔を広げる手術をすることもあります。また、通常の呼吸音がガーガーと激しい場合は軟口蓋過長症の恐れもあります。長い軟口蓋を切除することで、その呼吸は格段に楽になるでしょう。それぞれの症状は互いに関係していますので、一度の手術で両方とも処置してしまうケースもあります。術後の多くはいびきや呼吸音がしなくなり、スムーズに呼吸ができるようになります。

特に、以前に比べて音が大きくなってきたというのは進行のサイン。早めの受診をおすすめします。

また、いずれも短頭種の体型的な特徴による症状であり、ある意味持って生まれたものですので、発症している、いないに関わらず、定期的に獣医師に診断してもらうとともに、予防的な意味で手術をすることもよいでしょう。

◎気になる全身麻酔について

もうひとつ、疾患のことではありませんが、動物病院での麻酔についてお話ししましょう。

全身麻酔をかけて手術をすることに抵抗がある飼い主も多いと思います。確かに、腎臓や肝臓などに多少の負担はかかりますが、それは経口薬を飲んだときに身体に負担がかかるのと同様で、よほど大きなアクシデントがない限り、後遺症が残るようなものではありません。

また、短頭種であるフレンチブルドッグの場合「麻酔からの覚醒時に、意識が戻らないのではないか」という不安も。実際に麻酔によって全身の反射が落ちていますので、呼吸の反射行動も衰えることがあります。呼吸は食道の入口を閉めて、気管を開けることでスムーズに行なわれますが、特に軟口蓋過長症の場合、その軟口蓋がフタになり、気管の入口を塞いでしまうこともなくはないのです。

また、通常は交感神経と副交感神経のバランスをとりあって内臓などの機能を維持していますが、それに関わる迷走神経という脳神経が、短頭種の場合は敏感に反応する傾向があり、迷走神経が刺激されて副交感神経が必要以上に活発になると、末梢の血管が拡張して血圧が下がったり、心臓が停止したりすることもあります。

しかし、それらは、最新の獣医療機器のモニター類を使い、正確な麻酔管理、獣医師の経験による的確な処置によって、多くの場合、回避できるものです。また、手術前の検査等をきちんと行なっていれば、さらにそのリスクは軽減できます。

そもそも、そういった多少のリスクを負ってでも余りあるメリットから、獣医師も全身麻酔を用いた手術を提案しています。麻酔をかけることで助かる命があったり、改善する症状があるのなら、決断してもよいのではないでしょうか。

人生を豊かに謳歌したいと望む国民性が息づいている。ランチタイムに2時間ほど費やし、昼間から美食とワインに舌鼓を打つフランス人も珍しくはない。夏には1カ月間のバカンスだってある。この国の人々のパートナーには、陽気で明るく楽しいことが大好きで、社交性があるという、まさにフランス人そのもののような犬が向いているのは、いうまでもないだろう。誰だって、自分に似た気質を備えるパートナーとの生活は、お互いにわかりあえるという安心感もあり、心地いい。また、個性を尊重するフランス人だから、見た目も個性的な小さなブルドッグに魅了されたのではないだろうか。

もしこの小さなブルドッグが、フランスに渡らずイギリスにとどまっていたら、初対面ではハグではなく握手から始まるような、もう少し控え目な性格になっていたのではないかと思う。

そもそも、犬を交配する際は性格も重視するからだ。たとえばテリアは、農場を荒らすキツネやアナグマといった害獣や、倉庫や家に害を加えるネズミなどを駆除する役割を担っていたが、いざキツネに対峙したときにシッポを巻いて逃げてしまっては使いものにならない。自分より大きな獣にも勇敢に立ち向かって追い払い、ときには二度と農場に姿を現さないように殺められるほどの気丈さが必要だった。だから、「あそこの強いテリアとの間の子犬が生まれたら欲しい」と、強気な性質が好んで受け継がれていったのである。

フランス人のペットとして、自分たちにマッチする快活な性格のフレンチブルドッグを選んで交配が進められたのは想像にかたくない。事実、フランスのケネルクラブの登録頭数トップ10内に、フレンチブルドッグは常にランクインしている。

さて、そんなフレンチブルドッグの性質をより深く知るために、イギリスでの歴史をさかのぼってみよう。ブルドッグと呼ばれるだけに、昔の祖先には、ブル・ベイティングといい、雄牛に犬をけしかける観戦スポーツのために作出されたブルドッグの血が入っている。鼻ぺちゃなのは、牛に噛みついたままでも呼吸ができるように。頭部とアゴの骨格は、牛と闘うのに有利で、いったん噛みついたら離さないように改良された。熱しやすく、「猪突猛進」的な行動をフレンチブルドッグが見せるのも、これで納得できる。

さらにフランスでテリアの血が導入されたとすれば、基礎となるマインドは相当タフに違いない。ペットとして改良されていったため本物のテリアほどではないとしても、気の強さと頑固さも持ち合わせているはずだ。

フレンチブルドッグに受け継がれてきた性格は、陽気でフレンドリーで天真爛漫。少し気が強く、ちょっと頑固。興奮しやすく、考えてから行動するより本能で突き進むタイプ。そんなふうに考えていいだろう。

　現在、日本でのフレンチブルドッグはそういった歴史を経て、愛情深く、気立てが良い個体が多くなった。吠え続けることもほとんどなく、サイズはコンパクトで室内向き。フレンチブルドッグの奥深さにはまると、二度と抜け出せない。

フレンチブルドッグのルーツ

1850年代の初頭にロンドンやノッティンガムなどで好んで飼われていた小型のブルドッグがいたという。イギリスで産業革命が起こると、ノッティンガムのレース職人が仕事を守っていくために、このトーイ・ブルドッグと呼ばれる犬を連れて北フランスに移り住んだ。そこでは家庭犬として、そしてネズミ捕りが得意な作業犬としても重宝され、フランスでも人気者になった。作業能力を改良するために、害獣駆除が仕事であるテリアの血統が加えられたという説もあるらしい。中国の愛玩犬であるパグとの交雑が行われたともいわれている。
いずれにしても、イギリス人が持ち込みフランスで愛されたこの小型のブルドッグから、数十年後には現在のフレンチブルドッグの原型ともいえる新犬種ができ、大都市パリでもペットとして飼われるようになった。画家のドガやロートレックがこの犬をパリジャンの生活の一部として描いたことでも知られている。
さて、この歴史において着目したいのは、小型のブルドッグがイギリスではなくてフランスで完成させられていったということ。フランスはラテン系の民族が多く、

フレンチブルドッグは短命なの？いま、長寿に思うこと。

いつまでも健康で長生きしてもらうための方針と対策

他の犬種に比べ、平均寿命が短いといわれるフレンチブルドッグ。もちろん個体によるとはいえ、そもそも何歳まで生きられるのでしょうか。そして、さらなる長寿を目指して飼い主ができることを考えましょう。

フレンチブルドッグの平均寿命

犬の平均寿命は、昔に比べ飛躍的に伸びています。フレンチブルドックは短命だとよく耳にするかもしれませんが、フレンチブルドッグの平均寿命もこれからますます延びていくことが期待されます。

そもそも、フレンチブルドッグは何歳まで生きられるのか……。日本の記録では20歳まで生きたという猛者もいるようですが、フレンチブルドッグの平均寿命は10～11歳前後です。

犬は犬種や体格で平均寿命が異なることがわかっており、小型犬や中型犬は平均寿命でいえば13～14歳ほどで、大型犬より長生きする傾向にあります。フレンチブルドッグの体格は小型犬もしくは体格のいい子で中型犬クラスなので、少なくとも同じくらい生きられるのではないでしょうか。

長生きするために必要なこと

犬に長生きしてもらうために大切なことが2つあります。『病気にならないようにすること』と『病気になったらできるだけ早く適切な治療を受ける』ことです。「なに当たり前なことを……」と思うかもしれませんが、フレンチブルドッグの場合だと、他の犬種と比べてこの2つを実践することがとりわけ難しいことなのです。そのため、フレンチブルドッグは結果的に短命になってしまうのかもしれません。具体的にどういった点で難しいのか見ていきましょう。

短頭種気道症候群について

フレンチブルドッグにおいて『病気にならないようにする』『病気になったらできるだけ早く適切な治療を受ける』ことを難しくする最も大きな要因となるのは、短頭種気道症候群です。フレンチブルドッグは他の短頭種と比べても、特に鼻孔が狭かったり、軟口蓋も長かったり分厚かったりすることが多く、こういった特徴は著しく呼吸の障害となります。呼吸の問題は、放っておくとさまざまな臓器に負担をかけ続け、新たな病気を生み出します。

逆に他の病気により呼吸器に負担がかかることもあります。痛みや熱、気持ち悪さがあると犬はハアハアと呼吸が早くなりますが、フレンチブルドッグでは早い呼吸が刺激となり、喉が腫れ、呼吸困難になってしまうことがあるのです。短頭種気道症候群があるだけで、短期的にも長期的にも命に関わる病気になる可能性が格段に高くなってしまうわけです。

何か病気を治療しようというときでも、消化器にも負担がかかっているので薬に対する許容力が低くなり、薬を内服すると嘔吐や下痢をしてしまうことがあります。こういった場合、病気がうまく治療できず悪化してしまうことも考えられます。

検査や病気、けがを治療するために麻酔が必要となることもありますが、短頭種気道症候群だと麻酔をかける上で、寝かせたり起こしたりするタイミングや術後に喉が腫れて窒息死するリスクが高くなります。この点が、獣医師にとっても家族にとっても麻酔をかけることを躊躇してしまう原因になります。そうならないように短頭種気道症候群を治療するには、やっぱり麻酔をかけて手術する必要がある、というのも悩ましい点です。

フレンチブルドッグは長生きできる

「特に短頭種気道症候群の治療をしてなくても長生きしている子はいるよ」と思っている方もいるでしょう。シー・ズーやチワワ、ポメラニアンも実は同じ短頭種ですが、手術をしていなくても他の小型犬種並みに長生きする子が多いです。

短頭種気道症候群の影響は、外鼻孔狭窄や軟口蓋過長・気管低形成の程度に加え、性格や体質、運動量により変わってきます。割と長生きできる他の短頭種では、フレンチブルドッグほど短頭種気道症候群が重度になることは多くないですし、性格・体質や運動量もフレンチブルドッグとは違うので、寿命が短くなるほどの影響を受けないのでしょう。

つまり良い条件が揃えば、短頭種気道症候群の影響をあまり受けないで長生きできるフレンチブルドッグもいるわけです。しかし、本来であれば条件など関係なく、どのフレンチブルドッグも他の小型犬種に負けないくらい長生きできる身体なはずなのです。どのフレンチブルドッグも本来の寿命を全うできる確率を上げるために『病気にさせない』『病気になったら速やかに適切な治療を受ける』をどのように実践していくべきかについて述べていきます。

本来の寿命をまっとうするために

まず短頭種気道症候群に対する手術を行い、病気になる確率を減らし、病気になっても治療を受けやすい状態に整えることが肝心です。

身体が麻酔に耐えられ、手術で呼吸の状況の改善を期待できる状況であれば、年齢や短頭種気道症候群の程度に関わらず、できるだけ早く手術すべきでしょう。なぜならば、条件によっては影響が少ないこともあるという話をしましたが、さまざまな要因が関わるため、正確にどの程度影響を受けるかを判断することが難しいからです。

つまり短頭種気道症候群が軽症な子でも、興奮や炎症で窒息することがあるということです。さらに短頭種気道症候群は進行して重症化することもあるので、今は影響が少なくとも将来的に問題となることもあります。

麻酔は確かに他の犬種よりリスクが高いですが、安全に麻酔をかけるためのコツが何点かあります。それさえ押さえられていれば、短頭種ゆえの麻酔リスクというのは少なくなります。手術を依頼する病院は当然ながら手術手技・フレンチブルドッグの麻酔両方において精通している病院で受けることをおすすめします。こういった病院では手術が原因で亡くなる確率はほとんどありません。それでも100%安全ということはないので、麻酔のリスクや術後の注意点など、獣医師と納得いくまで話し合いましょう。

定期検診や血液検査を

短頭種気道症候群が解決すれば、あとは基本的なことだけです。病気になりにくくなるように、フレンチブルドッグに合った正しい身体の日常ケアをして、適切な運動、良質な食事、十分な休息をとらせます。

7歳ぐらいまでは血液検査等の定期健診を年に1回、それ以降は血液検査以外にも超音波検査やレントゲンも含めた定期健診を、年に少なくとも2回はしていただくとよいでしょう。定期健診を受けることで獣医師も家族の皆様もその子の健康な状態を把握でき、病気の前兆を捉えることや病気の早期発見につながります。

日常で何か「病気かな?」と思うことがあれば、受診する前にまず病院に相談するとよいでしょう。病気によっては時期により検査で異常をきたさないことがあり、病気の種類をうまく絞り込めないことがあります。適切な治療につなげるため、経過や症状を詳しく説明して、受診するベストなタイミングを指示してもらいましょう。

いざ病気になった場合は、積極的な治療を進めることをおすすめします。フレンチブルドッグは体形や体質のせいなのか、自然治癒力に期待して経過観察していたり、消極的な方法を中心に治療を進めていたりすると、治らずに病気が悪化することがあります。

軽症のうちにしっかり治すことで治療期間も短くなり、結果的に身体への負担を減らすことになるのです。こういった点に気をつければ、フレンチブルドッグが長生きできる可能性はずいぶん高くなるのではないでしょうか。

動物病院との良い関係

良い動物病院を見つけるというより、飼い主さんと獣医師で信頼関係を築いていくといったほうがいいかもしれません。まずは遠慮せずに疑問に思ったことは声に出して確認することが大事です。そこできちんと説明してくれる獣医師を選びましょう。めんどうくさがったり、適当に話をはぐらかす人は論外です。

もちろん、近所で行きやすいとか予約が取りやすい、など便宜上のことや、昔からお世話になっていて、他の病院に行きにくいといった事情もあると思います。

ただ、改善がみられない場合や、大事な決断を求められるようなときは、ぜひセカンドオピニオンとして別な獣医師（病院）を受診することをおすすめしたいです。良い悪いではなく、獣医師によってそれぞれ治療方針があるからです。

獣医師は医師と違って、獣医師会への加盟が義務付けられていません。そんなことからも、優劣ではなくさまざまな考え方の獣医師がいることがわかります。

獣医師がその病気への専門性を持っているかによっても変わってきます。「この病気はここでは対応できないのであちらへ行ってください」などのアドバイスをくれる獣医師ならいいのですが、現在のところあまりそういった話は聞きません。とにかく、効果の出ない治療を長引かせて愛犬がつらい思いをすることは避けたいものです。

ただ、ここ5年くらいで専門医も増えて

きました。疾患があるなら、その分野に強い専門性のある獣医師のいる病院に行くことが大事だと思います。持っている専門性、患者さんの疾患の傾向によっても獣医師の技量や経験も異なってきます。

特にフレンチブルドッグに関しては、担当獣医師がその体質やキャラクターの傾向も知っておいてほしい、と飼い主だったら思ってしまいますよね。そのあたりをよく考えて、愛犬ファーストで動物病院と良好な関係を目指して、つきあっていきましょう。

もしものときに託す相手を

東日本大震災のような大きな災害が起きたり、健康だったのにある日突然病気やケガを患ったり。そんな『もしものとき』が起きたら、この子はどうなるんだろう……。これは考えたくないことだけれど、考えておかなければいけないこと。どんなことがあっても、最後まで幸せに生きられるように面倒を見るのが、愛犬を迎え入れたあなたの役目なのだから。
愛犬を託す相手というと、親や兄弟、親戚、友人。親しいご近所さんが引き取ってくれたというケースも。どんな相手でも大切なのは、愛犬がその人に懐いていたり、誰にでもフレンドリーな性格だったり、その相手と良好な関係を築いていけそうだということ。飼い主にしか懐いていなくて、それ以外の人には吠えたり暴れたり……という子の場合は、事前に頼んでおいても引き取ることを断られてしまうかも。そういうことにならないように、育て方やトレーニングに気をつけておくことも『もしものとき』への備えだ。何かあったときに引き取り手になってくれる人が決まったら、愛犬とその人が関係を深められるように定期的に会っておこう。そうすることで飼い方や性格を自然な形で伝えることもできるので、引き取り手になってくれる人もあなた自身も安心できるはず。ひいては、それが愛犬の幸せにも繋がるのだ。
最後に重要なのが、犬の面倒を見るにはお金がかかるということ。引き取ってもらうことになったときに「飼育費用」として渡せるように、今から備えておこう。

4

年齢別フレブルライフ攻略術

0歳〉〉1歳

子犬にとって大切なこと

子犬は、平均して生後2ヶ月〜3ヶ月くらいであなたのお家に迎え入れられることが多いのではないかと思います。迎え入れたその日はうれしくて、きっとお互いが興奮していますよね。可愛くて、ついつい子犬が疲れるまでかまってしまうかもしれません。しかしそこは少しがまんして、遊ぶのはほどほどにして、食事をしたらゆっくり寝かせてあげてください。子犬にとって睡眠はとても大事です。

迎え入れた初日によくある間違いで、小さなお子さんがいるご家庭に多いのですが、楽しくて子犬が疲れきるまで遊んで、睡眠時間が短くなってしまうパターンがあります。これが原因で、次の日から子犬の下痢がはじまってしまうことがあるのです。そうでなくても、子犬は新しい環境というストレスから1週間くらい軟便になることが多いですから、かまいすぎには注意しましょう。迎え入れてから1〜2週間くらいは夜鳴きをする子も多いでしょう。切ない声で鳴かれたら、かまいたくなりますが、『鳴く=遊んでくれる』と覚えさせないように気をつけてください。

フレンチブルドッグは骨格構成上、脊椎と四肢関節が強いほうではありません。遊び方の注意点としては、室内など、床が滑りやすい環境だと関節に負担がかかるので、滑らないように工夫してあげてください。グリップの利かない足場で遊ばせても、何ら運動にならないばかりか、かえって足腰を痛めたり、積み重ねによって関節疾患が悪化する可能性があります。たとえば、ボールを投げて回収させるような遊びは、ボールをキャッチする際に急ブレーキをかけるため、関節への負担が大きくかかります。ソファーや高い段差から飛び降りるのも同様です。また、子犬と成犬など体重差がある犬同士で遊んだりする場合は、膝蓋骨への負担や脱臼の恐れもあるので、激しく絡ませないようにしましょう。

そしてやはりこの時期に大切なのは「しつけ」です。しつけをする際は『子犬に期待しすぎない』、これを常に頭におくことがいちばん大切です。しつけが思うようにいかないのは当たり前のことです。1〜2歳くらいまでは赤ちゃんみたいなものだからしょうがない。そのような気持ちでいることが、子犬にとっても飼い主さんにとっても健全です。ドッグトレーナーに相談しつつ進めていくのがいちばんよい方法だと思います。

生後6ヵ月から1歳くらいにかけて本格的に体ができ上がってきますから、この時期くらいから、散歩時は飼い主さんの左側を並んで歩けるようにしつけてあげることが大切です。成犬になると体重が平均してメスで9キロ前後、オスで12キロ前後になりますから、散歩での引く力も非常に強くなります。

去勢、避妊については獣医師や、去勢、避妊の経験をされた方のお話をしっかり聞いて検討されてください。獣医師が勧めるから、周りがみんなやっているから、病気のリスクが減るからなど、人それぞれ判断や決断する理由も違うとは思いますが、メリット、デメリットをちゃんと理解したうえで、家族全員できちんと悩んで決めていきましょう。

2歳＞＞3歳

長寿のための下地を整える

幼少期から2歳頃までの若犬期に、いかに良質な成長をしてきたかが大切です。犬の寿命は人間の6分の1程度ですから、サイクルが速いのです。悪い生活習慣はあっという間に悪い体質を作り、それがベースとなってしまいます。

骨の成長も3歳くらいでそろそろ止まり、全体的に力強くしっかりしてくる頃です。成長期の頃よりもたくさん運動してよいでしょう。散歩の距離も延ばすなどして、筋肉を鍛えてあげてください。筋肉ができてくると、食欲も増し、ますます逞しくなります。自由運動において、運動機能が上がるとオーバーワークになりがちなので、ほどよいところで飼い主さんが終了させてあげるよう、目配りをお忘れなく。

食事内容はパピー用フードからアダルトに切り替え、好みに合ったトッピングでかまいません。ただし、過剰なトッピングには気をつけてください。

フレンチブルは、夏は太りやすく冬は痩せやすい犬種です。長毛犬は寒さを感じると毛量を増やして身体が対応しますが、アンダーコートの少ない短毛犬は寒さを感じると燃焼します。脂肪を使い果たすと痩せてきてしまいます。痩せることは健康的ですが、抵抗力も弱くなるので、さまざまな病気にかかるリスクが高まります。免疫性の腸炎が発症する季節は冬場がほとんどです。夏場は反対にカロリーが余りやすく、運動量も落ちますので、肥満に気をつけてください。ただ、暑い季節に運動を無理にさせるのは危険ですので、食事でコントロールするのが基本です。

食事の適量は年齢や個体差によっても違います。ドッグフードのパッケージの説明に、体重に対する適量が書いてありますが、これはあくまで目安としてください。毎日管理している飼い主さんが状態を見極めて、年齢や状態に対する適量を決めるようにしましょう。一般的にわかりやすい適量の目安は、子犬でも成犬でも便の状態で判断できます。便が緩ければ食事の量が多く、固ければ少ないということです。見た目の肥満のチェックとしては、愛犬を上から見た時に胴にくびれがあること、胸部を触ると肋骨が確認できることです。胴にくびれがなく、肋骨を触っても確認できないようでしたら、肥満になりはじめているので注意してください。

この時期に気をつけたいのが、熱中症です。熱中症自体はもちろん何歳でも気をつけなければなりませんが、2〜3歳はお散歩やお出かけも活発になるので、その分熱中症の確率が上がります。

基本的に暑さに弱いと思われる個体は、鼻がよくつぶれ、鼻腔の狭い子。そして、軟口蓋といわれる喉の奥の部分が生まれつき肥大している子（軟口蓋過長症）、そして肥満です。この3点が当てはまる場合、呼吸がしづらいので、熱中症で呼吸困難に陥りやすいと言えます。

性格的なものが熱中症に影響することもあります。興奮しやすく多動傾向の強い子は、自ら体温を上げていきますから、オールシーズン注意が必要です。運動後は速やかに冷やして、興奮しない状況にしてあげてください。熱中症は命に関わりますし、後遺症が残ることもあります。

4歳 〉〉 6歳

まさに充実期の日々

骨格が完全にでき上がり、筋肉も発達し、体幅や胸深が十分なまでになり、いちばん良い充実期です。精神的にも自信に満ち、落ち着く子はこの辺りの年齢からではないでしょうか。運動は健康体でしたらたっぷりさせてあげましょう。上り坂で負荷をかけた散歩などがおすすめです。下り坂で走らせるのは、肩や肘の関節に故障が発生することもあるので、避けるべき運動です。食事内容は特に変化はありませんが、充実期を過ぎたらこれまでよりもウエイトオーバーになりやすいので、様子を見ながらフードの量を加減したり、ローカロリーのフードに変更してみるのもよいでしょう。ウエイトオーバーは、足腰の負担を考えると老後のためにも避けるべきです。

具体的にバランスよく筋肉を付ける方法を、あくまでも一般家庭向きの内容でお話しましょう。まず、自由運動はもちろん大切です。ストレス発散にもなりますし、全身に自然な筋肉が付きます。ただし、オーバーワークと事故を防ぐため、時間を決めて遊ぶ場所と相手を選んでください。さらに筋肉強化を図るのでしたら、リードを付けた引き運動（散歩）が最も効果的です。

自由運動はあくまでも犬自身の意思で疲れたら休み、連続した運動がありません。引き運動でしたら、目的地を決め、そこまでは休まずリズミカルな散歩をおこなうことで連続した運動になります。そして、目的地で自由にしてあげると、気晴らしにも運動後のストレッチにもなります。帰り道は寄り道してもいいですし、のんびりぶらぶら散歩してもかまいません。自由運動を散々したあとに引き運動をしてしまうと、スタミナ切れで良い内容の引き運動になりませんから、順番を決めておこなってください。

そして、運動後に食事を摂らせ、たっぷりと寝かせてあげることで、筋肉はより良く発達します。食事内容は、内臓が健康でアレルギーもない場合、秋冬は高タンパク、中脂肪。春夏は高タンパク、低脂肪が望ましいです。冬場に脂肪分が不足すると、皮膚のトラブルや抵抗力が低下します。夏場は前述のとおり、脂肪分を控えるべき犬種です。

また、このあたりで愛犬にかかっているストレスなどについて、あらためて見直すのがよい時期かと思います。ひとくちにストレスと言っても、さまざまな症状やサインがあり、原因も多岐にわたります。ストレスをゼロにする生活など、ルールの中で人間と暮らす以上、不可能なわけです。しかし、より居心地のよい環境作り、ストレスをできる限り与えないようにする努力は飼い主さんの義務でしょう。常時ストレスを抱える犬は、さまざまな病気や問題行動をおこし、寿命を縮めることさえあります。

飼い主さんとの関係を見直してみるのもよいでしょう。犬にプレッシャーを与える存在ではなく、たまらなく愛されるリーダーになれたら、きっと犬のリアクションはキラキラすると思います。声をかけてもらえたり、見てくれていることは、本来、犬にとって幸せなはずです。まず飼い主さんが考えてあげるのは、その子の性格を知ること。それが関係を良くする基本だと思います。

7歳〉〉9歳

定期検診のすすめ

歳……とったかな？と感じさせる年齢に入りますので、7歳を過ぎたら定期的に検診をはじめましょう。血液検査だけでもかまいませんので、6～8ヶ月に1回くらい獣医さんで診てもらうことをおすすめします。早期に数値の異常を知ることができれば、本格的な病気になる前に生活習慣をあらためられます。うちの子はまだまだ若々しいから大丈夫、と思われる方も多いと思いますが、フレンチブルドッグというクセのある犬種ですから、念のためでも検診してあげてください。

年齢的にも過度な運動、オーバーワークには特に気をつけましょう。多少の飛んだり跳ねたりは犬も楽しいので仕方ありませんが、高い段差を飛び降りたり、アジリティーのようにアクロバティックな遊び方は避けることが望ましいです。これらはヘルニアの発症、関節疾患の悪化と深く関係していると思います。また、本来は持久力の優れた犬種ではないので、適度な運動を心がけ、たっぷりと睡眠の時間もとってください。フレンチによくあるのは、運動させ過ぎて痩せる、後脚を傷めることです。適度な運動に対して十分な休息が筋肉を発達させ、強い身体を作ります。

最も多く見聞きする疾病は関節疾患、脊椎の異形成並びに椎間板ヘルニアがあります。脚に関しては、膝蓋骨脱臼（パテラ）、股関節形成不全。この2つの病気は共に関節疾患ですが、日頃の予防方法、緩和策が若干異なります。もし動物病院でパテラと診断され、歩行時に後肢を浮かせたり、スキップするようでしたら、これ以上悪化させないためにも適切な管理が必要です。まず、肥満にさせず、犬同士の遊びを極力避けてください。犬同士の遊びの際、「踏ん張る力」を使います。その負荷が最も膝蓋骨に良くないのです。他にもボール投げなどの急激なダッシュ、ブレーキをかける遊びは避けるようにする。滑る足場では絶対遊ばせない、生活させないことが大切です。

また、膝蓋骨は筋肉でカバーできにくいので、筋肉を鍛えようと過度な運動をしても意味はなく、逆効果となります。パテラの子は、極力低負荷で短時間の自由運動と肥満に気をつけることで、症状を軽くすることが可能です。股関節の形成に問題のある子も、管理によって生涯、関節炎を起こさず暮らすことが可能になります。よほど重度の形成不全でない限り、フレンチブルクラスの体重でしたら、まず手術は考えなくてよいと思います。股関節の場合は、運動による大腿部と腰回りの筋力アップが症状軽減に効果的です。

長時間の運動は筋肉まで痩せさせ、関節への負担も考えられますので、十分注意してください。これは健康なフレンチブルドッグでも同様です。長時間のハードワークに耐えられる犬種ではありません。

その他、関節系には効果が期待できるサプリメントがあります。『コラーゲン』は特に最近話題になっているので、ご存知な方も多いかもしれません。確かにサプリメントは予防重視ですが、それは犬との生活においてはぴったりの選択だと思います。粉末なので、いつものフードにスプーン1杯かけるだけの簡単さなので、毎日の暮らしに取り入れてみることをおすすめします。

10歳＞＞11歳

区切りの年齢

いよいよ10歳はひとつの区切りの年齢だと思います。最近は医療の進歩で、10歳を越えることも普通のように言われている時代です。しかしそれでも、フレンチブルドッグのような犬種は病死や突然死がありえるのが現状です。きっとフレンチ仲間がいらっしゃる方でしたら、10歳未満で亡くされた経験がある方のお話を聞いたことがあると思います。

愛犬が無事10歳を迎えてくれたら、まだまだこれから、という気持ちもわかりますが、まずはひとつの区切りの年齢として、10歳まで頑張って生きてくれてありがとう！　と、たくさん褒めてあげてください。フレンチブルドッグの平均寿命といわれる10歳を迎えられたことは、素晴らしいことなのですから。

それから、この時期になってくると散歩に行きたがらなくなる子もいますが、それも肥満のもとです。身体が元気でしたらそれまでと同じように散歩に行き、もし歩きが鈍くなってくるようなら、ペースをゆっくりに変えたり、距離を短くしたりと、愛犬の状態に合わせた散歩をするようにしましょう。真上から見たときのお尻の大きさもひとつの目安です。お尻が小さくなるのはお尻の筋肉が低下した証拠です。犬は基本的に前足加重で、後ろ足をあまり使わなくても動けます。そのため、後ろ足から筋力が低下しやすいのです。寝たきりになってしまうこともありますから、お尻が小さくなってきたと感じたら積極的に歩かせることも大切です。散歩での老化のサインとして、散歩中に止まって歩かなくなることがあります。そんなとき、今までは抱き上げるとわがままな子になるので避けていたとしても、高齢による体の負担を感じたなら抱いてあげていいと思います。抱きながら歩いて景色を見せてあげるだけでも気分転換になり、歩けないことへのストレス発散にもなります。

また、高齢になると、『体内時計のずれ』から夜鳴きや遠吠えをする場合があります。一度夜鳴きがはじまると直すのに時間がかかりますから、食事や排泄、体に異常がないのなら、しばらく様子をみて待ちましょう。子犬期の夜鳴きのしつけと同じで、鳴けば飼い主が来てくれると学習してたびたび鳴くようになる場合があります。大切なのは『朝から昼は明るく、夜は暗くする』という自然のサイクルを守ることです。

犬の認知症についても知っておきましょう。認知症は老化が原因で、記憶や知能などの認知機能が低下していく病気です。具体的な症状としては、夜鳴き、徘徊、後ずさりができない、トイレの失敗、飼い主がわからないなどで、性格も変化してきてしまうこともあります。認知症はフレンチブルドッグに限らず、すべての犬種で発症します。早い子は8歳過ぎくらいから発症することも。

認知症予防のためには、脳を刺激する脳トレが大切です。高齢になれば横になっている時間が増えていきますが、それだけでは老化が進むだけです。脳を活性化して老化のスピードを遅らせましょう。ポイントは、聴覚・嗅覚・視覚・味覚・触覚の五感を刺激すること。普段とは違うことをさせたり、新しいことにトライするのもいいでしょう。

シニアに多い二大病気

高齢犬に多くみられる体調の変化の陰に、重大な病気が隠れていることがあります。高齢犬に多い病気について知り、おかしいな？と思ったら獣医師の診察を受けるようにしましょう。

白内障

目の水晶体の一部、もしくは全部が白くにごる病気です。進行すると視力が低下し、失明に至ることもあります。症状としては、水晶体は瞳孔より奥にあるので、目の中を覗き込んで瞳孔の奥が白くなっていたらこの病気が疑われます。角膜炎などで目の表面が白濁したり、ブドウ膜炎などが原因で虹彩の表面がにごることがありますが、これらは白内障とは別の症状です。水晶体が白濁するため、視力がそこなわれ、犬はふらふらと歩いたりしょっちゅう何かにぶつかったりするので、飼い主が異常に気づきます。白内障が重度に進行すると、水晶体が破壊されることがあります。そうなると、ブドウ膜前部にひどい炎症がおこることがあります。しかし、犬は人間と違って耳や鼻の感覚が非常に優れているので、たとえ完全に盲目になっても、日常生活には意外にうまく適応します。自分がよく知っている家や庭の中なら、優れた聴覚や嗅覚によって、あまりものにぶつかったりせずに動き回ることができます。そのため、飼い主も目の悪化にはなかなか気づかず、引越しをしたり家具の配置を変えたときにはじめて目の状態に気づくこともあります。目の悪い子と暮らすには、家具の配置を変えないことや、散歩のときに危険に合わないよう注意してください。

てんかん発作

脳が作っている神経細胞に何らかの異常がおこると、突然足をつっぱらせ、泡をふいて倒れたり、けいれんをおこすことがあります。これがてんかんの発作で、犬は動物の中ではもっともよく発病します。ふつう発作がおさまると、犬は普段の状態にもどります。いわゆる痙攣（けいれん）と、てんかん（脳の異常によってひきおこされる）は専門的には区別されますが、飼い主にとってその区別は容易ではありません。症状としては、てんかんでは犬が急に四肢を硬直させ、横に倒れます。筋肉にはかすかな震えが見られます。それと同時に意識がなくなり、口から泡をはきます。また、無意識に便や尿を排泄します。この発作がおこっている時間は、動転している飼い主にはとても長く感じられるかもしれませんが、通常は30秒以内です。てんかんでは、その後に発作が再発せずにおさまる場合と、何度も連続して繰り返される場合があります。後者は重積状態といい、命にかかわる危険な状態なので、獣医師にできるだけ早く診てもらうべきです。しかし、重積状態はそれほど頻繁にはおこりません。発作が静まると、普段の状態にもどり、まるで何事もなかったようにふるまいます。

しかし、ときには発作後の特徴的な症状がみられることがあります。たとえば、甘える、水を大量に飲む、昏睡する、などです。これらの兆候はときに発作前にもあらわれるので、発作を予測できることもあります。

14歳〉〉17歳

最後のときを考える

最近のフレンチブルドッグの寿命は格段に延びました。17歳まで生きた子もちらほら見受けられ、それはひとえに飼い主のたゆまない努力のたまものでしょう。あらゆる情報を取捨選択して、よいと思ったことを実行していく力が、フレンチブルドッグたちを長生きさせたのです。ほんとうに素晴らしいことだと思います。

さて、高齢犬の健康長寿のポイントで大切なのが衛生管理です。高齢犬の衛生管理でとくに注意したいのは、口腔内の衛生管理です。口の中の不衛生をそのままにしておくと、食事が食べにくくなったり、全身に悪影響を及ぼしたりすることがあります。食事のあとの口の中には、食べかすや細菌が多数存在しますが、通常は唾液によって流されます。また、歯と歯の間や歯周ポケットなどに入り込んだ細菌も歯に付着して歯垢になり、歯垢が歯石になるのにも72時間ほどかかるため、食後に歯磨きさえしていれば大きな問題にはなりません。

歯磨きが苦手な子は、洗浄ビンに入れた水で口の中を洗うといいでしょう。水を洗浄ビンに入れ、犬の口の中にシャワーのように流し入れて口の中を洗います。その後、歯磨きをするのが理想ですが、水ですすぐだけでも効果はあります。

そして、悲しいけれど——そろそろ最後のときのことを考えるべき時期です。もうずっと連れ添ってきた愛犬。目が見えなくなったり、耳が遠くなったり、足腰も弱くなったり、ごはんも上手には食べられなくなってこぼしたり。それは高齢犬のいわゆる『味』が出てきたということ。その味はとても可愛いらしくたまらないものです。犬は自分の死についてなど一切考えずに自分の寿命をそのまま受け入れるだけ。最後の最後までそれをまっとうするというシンプルなものです。

愛犬が重大な病気になったとき、飼い主さんは治療の選択をすることになります。そのときに大切なのは、飼い主さんにとって無理のない範囲で治療をしてあげるということです。実際にどの治療を選んでも「別の治療方法を選択すればよかったかもしれない」と必ず後悔するものです。ですから、もし治療の選択をするときがきたら、獣医師に「その治療でどのように改善されるのか？」「その治療にはどんな副作用があるのか？」など、納得がいく説明を聞くようにしましょう。その上で、あとから振り返ったときに「自分のできる範囲でやれることはやった」と思えるようにするのが、後悔を少なくする方法だと思います。

それから、愛するあまりに自分の限界を超えてまで看護してしまう方が多いことも覚えておいたほうがいいと思います。看護を完璧にやろうとする気持ちはわかりますが、その結果、看護で疲労困憊になり、愛犬との楽しかった思い出よりも苦しかった思い出が残ってしまうことがあるのです。治療の限界も当然あります。看護の大変さで飼い主さんを追いつめることを、愛犬は決して望んでいないはずです。

あなたの愛犬はあなたのことしか考えていません。あなたの愛犬の幸せは、あなたの幸せな姿なのです。そして、最後の言葉はさよならではなく、「ありがとう、またね」にしませんか。

BUHI MANIACS vol.4

フレンチブルドッグの教科書

２０２１年９月２日　初版発行
２０２４年５月22日　４刷発行

統括編集……………小西秀司
編集人………………長嶋瑞木
デザイン……………エチカデザイン
編集・制作…………ｒａｋａｎｕ株式会社
発行人………………長嶋うつぎ
発行所………………株式会社オークラ出版
〒１５３-００５１　東京都目黒区上目黒１-18-６　ＮＭビル
☎０３-３７９２-２４１１（営業部）
☎０３-３７９３-４９３９（編集部）
印刷………………………中央精版印刷株式会社

ISBN：978-4-7755-2968-3

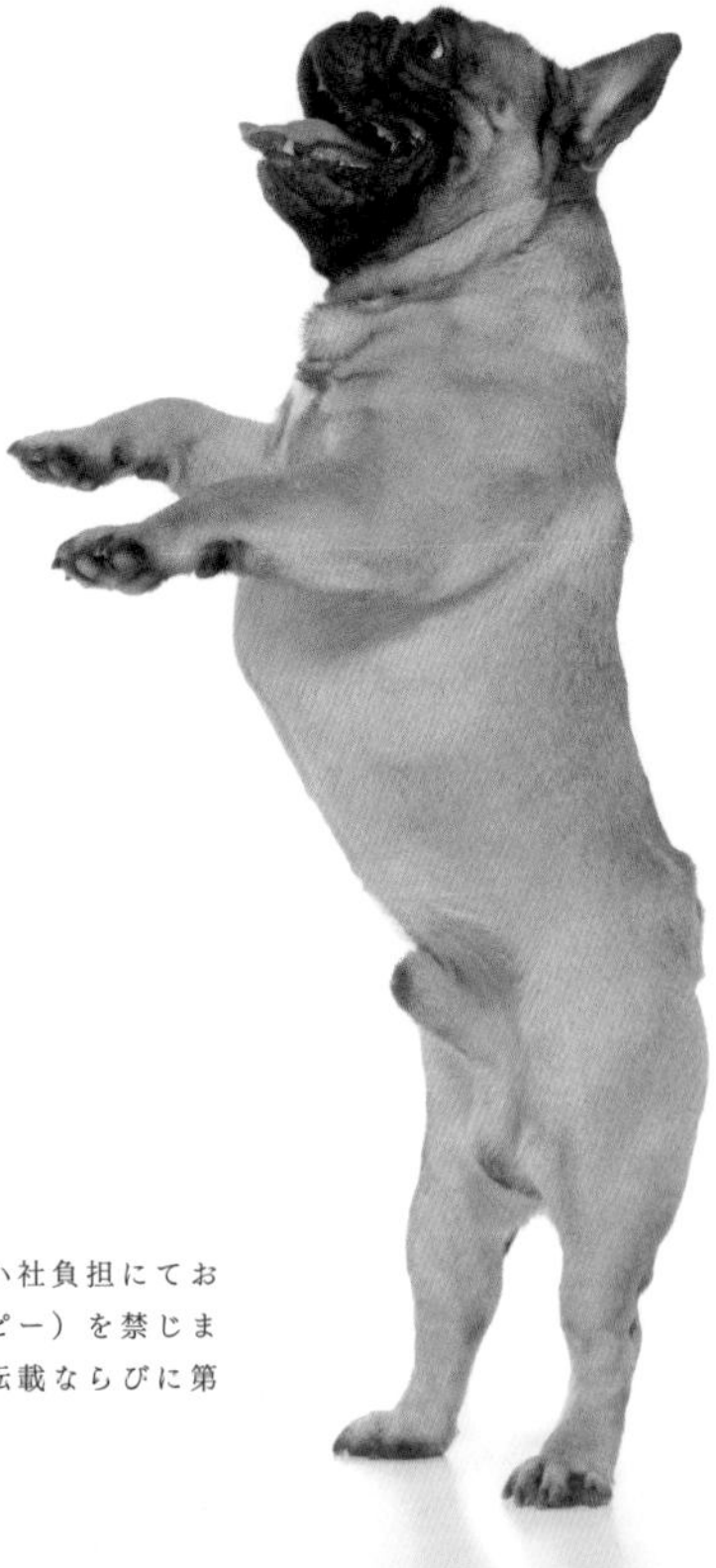

https://oakla.com/